不同氮肥管理模式下
夏玉米氮素利用与代谢特征
及其生理机制

纪朋涛 陶佩君 著

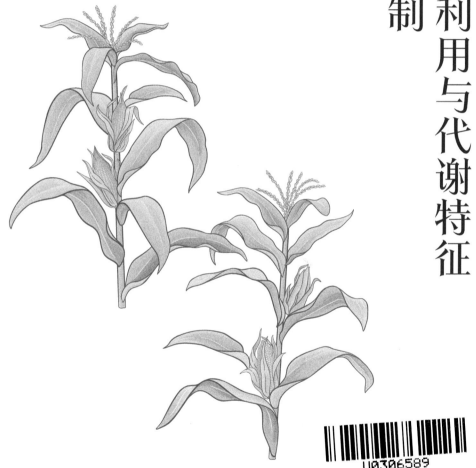

U0306589

 中国农业科学技术出版社

图书在版编目(CIP)数据

不同氮肥管理模式下夏玉米氮素利用与代谢特征及其生理机制／
纪朋涛，陶佩君著. --北京：中国农业科学技术出版社，2023.11
　ISBN 978-7-5116-6565-2

　Ⅰ.①不⋯　Ⅱ.①纪⋯②陶⋯　Ⅲ.①玉米-土壤氮素-利用-研究
Ⅳ.①S513.06

　中国国家版本馆 CIP 数据核字(2023)第 234487 号

责任编辑　穆玉红
责任校对　马广洋
责任印制　姜义伟　王思文

出 版 者　中国农业科学技术出版社
　　　　　北京市中关村南大街 12 号　　邮编：100081
电　　话　(010)82106626(编辑室)　　(010)82106624(发行部)
　　　　　(010)82109709(读者服务部)
网　　址　https://castp.caas.cn
经 销 者　各地新华书店
印 刷 者　北京建宏印刷有限公司
开　　本　170 mm×240 mm　1/16
印　　张　8.75
字　　数　150 千字
版　　次　2023 年 11 月第 1 版　2023 年 11 月第 1 次印刷
定　　价　45.00 元

本书得到"十三五"国家重点研发计划——粮食丰产增效科技创新专项项目中"太行山山前平原小麦—玉米节水高产增效栽培技术集成与示范"课题（2018YFD0300503）以及"十四五"国家重点研发计划——黄淮海小麦—玉米（大豆）产能提升技术研发及集成示范专项项目中"黄淮海小麦—玉米（大豆）节水丰产增效技术模式示范与评价"课题（2023YFD2301505）的资助。

前　　言

河北省是我国重要玉米产区，其玉米种植面积和总产量分别占全国的8.26%和7.67%。因此，该区域玉米高产稳产对于保障我国粮食安全具有重要意义。目前，该区域玉米季生产中氮肥施用过量导致土壤营养失衡日益加剧，较低的肥料利用效率引发地下水污染和有害气体排放超量，引发一系列环保问题。因此，本研究针对河北省低平原区玉米氮肥施用不合理、肥料利用效率低的问题，以氮肥管理模式和品种为切入点，在辛集市马庄河北农业大学试验站设置大田试验，以氮高效玉米品种'先玉688'（XY688）和氮低效玉米品种'极峰2号'（JF2）为试验材料，系统研究了不同氮肥管理模式下夏玉米植株氮素利用与代谢特征及其生理机制，旨在为确定夏玉米常规尿素和缓释尿素最佳配施比例提供科学依据，为河北省氮高效玉米品种遗传选育及优化氮肥管理提供理论支撑。本著作主要研究结果如下。

（1）两个玉米基因型产量和氮素利用具有显著差异。与氮低效品种JF2相比，氮高效品种XY688在不同氮肥种类施用下均能表现出更高的营养器官氮素转运量和转运效率，花后干物质同化量增加，成熟期植株可以积累更多的干物质，获得较高的籽粒产量和氮素利用效率，籽粒产量显著提高。2019年和2020年XY688的籽粒产量比JF2分别增加6.92%和18.27%，其中穗粒数是增产的主要因素；XY688在氮素吸收和利用效率上具有优势。

（2）两个玉米基因型叶片氮代谢生理具有显著差异。与氮低效品种JF2相比，氮高效品种XY688在不同氮肥种类施用下花后均能表现出更高的叶片NR活性，GS、GOGAT、GOT及GDH等氮代谢关键酶活性增加，叶片IAA和GA等内源激素含量增加；在开花期和完熟期，XY688各处理平均叶面积指数比JF2分别提高22.79%和19.32%；XY688各处理的平均叶片光合速率比JF2分别提高12.64%和17.41%，保证了花后玉米可以积累更多的光合产物。与JF2相比，XY688在常规和缓释尿素配施下，XY688各处理时期叶片平均IAA含量比JF高10.89%，平均GA含量比JF高5.63%。在开花期和在完熟期，XY688各处理平均叶面积指数比JF2分别提高 9.13%和 20.93%；XY688 各处理平均叶片光合速率比 JF2 分别提高 9.41%和 16.84%。

（3）聚天门冬氨酸螯合氮肥（PASPN）提高了玉米产量和氮素利用效率。PASPN 处理能够保障氮高效品种 XY688 生育期对养分需求，提高氮素利用效率，增加地上部分干物质积累量与氮素累积量。与 FT 和 OPT 处理相比，PASPN 处理下 XY688 籽粒产量显著增加，与 FT 和 OPT 处理相比，XY688 在 PASPN 处理下两年平均籽粒产量分别增加 11.21%和 21.83%。

（4）聚天门冬氨酸螯合氮肥（PASPN）影响了花后叶片氮代谢酶活性和基因表达。PASPN 处理增加了叶片 GS、GOGAT、GOT 及 GDH 等氮代谢关键酶活性，降低了玉米花后叶片 NR 活性，提高了花后叶片 IAA 和 GA 等内源激素含量，提升了花后玉米叶面积指数和光合速率。PASPN 处理下，氮高效品种 XY688 花后叶片中 ZmNR、ZmGOGAT、ZmAspAT 和 ZmGS1.1、ZmGS1.2、ZmGS1.3、ZmGS1.4 和 ZmGS2 的相对基因表达量上调表达，而对 JF2 相关基因的表达量影响较小。

（5）常规和缓释尿素配施处理能调控玉米花后叶片氮代谢和内源激素平衡。常规和缓释尿素配施（US7）处理显著提高了玉米花后叶片 NR、GS、GOGAT、GOT 及 GDH 等氮代谢关键酶活性，增加了花后叶片 IAA 和 GA 等内源激素含量和花后叶片叶面积指数和光合速率，保证了花后玉米可以积累更多的光合产物。

（6）常规和缓释尿素配施可降低肥料施用成本，实现肥料间养分供应持续接力，充分发挥控释尿素的养分控释增效性能。河北平原夏玉米常规尿素与缓释尿素最佳配施比例是 3∶7（US7）。

综上所述，本研究通过系统解析不同氮效率玉米品种植株生育性状、氮素吸收和同化、生理参数、相关基因表达特征以及产量性状，揭示了常规和缓释尿素不同配施处理对玉米植株氮素分配与转运、花后叶片氮代谢的影响及生理机制，明确了河北平原区适宜夏玉米生产采用的常规尿素和缓释尿素最佳配施比例（3∶7，US7）；阐明了氮高效玉米品种（XY688）植株氮同化特性及其响应 PASPN 的生理机制，明确了河北平原区 PASPN 改善夏玉米氮效率和生产潜力的生物学基础。研究结果将为河北省太行山山前平原区域缓释氮肥示范和规模应用提供科学依据，并为河北省夏玉米减氮高效、全基施简化生产提供理论支撑。

英文缩略符号与中英文对照表

英文缩写	中文名称	英文全称
XY688	先玉 688	Xianyu 688
JF2	极峰 2 号	Jifeng 2
PASP	聚天门冬氨酸	The polyaspartic acid
PASPN	聚天门冬氨酸螯合氮肥	The Polyaspartic acid chelating nitrogen fertilizer
CK	对照组	The control group
FP	农民习惯施氮	The nitrogen farmers used to apply
OPT	推荐施氮	The nitrogen recommended application
U	常规尿素	The conventional urea
S	缓释尿素	The slow release urea
US3	常规和缓释尿素 7∶3 掺混	The 7∶3 mixing of conventional and slow release urea
US5	常规和缓释尿素 5∶5 掺混	The 5∶5 mixing of conventional and slow release urea
US7	常规和缓释尿素 3∶7 掺混	The 3∶7 mixing of conventional and slow release urea
PNUE	光合氮利用效率	Photosynthetic nitrogenuse efficiency;
NR	硝酸还原酶活性	Nitrite reductase activity
GS	谷氨酰胺合成酶活性	Glutamine synthetase activity
GOGAT	谷氨酸合成酶活性	Glutamate synthase activity
GDH	谷氨酸脱氢酶活性	Glutamate dehydrogenase activity
LAI	叶面积指数	The leaf area index

目　　录

表图目录

1 引 言

1.1 研究背景与意义

河北省是我国重要玉米产区，其玉米种植面积和总产量分别占全国的8.26%和7.67%。因此，该区域玉米高产稳产对于保障我国粮食和食品安全具有重要实践意义[1]。多年以来，我国乃至世界许多发展中国家玉米以及其他作物生产能力的提升，主要与增施尿素等速效态化学肥料密切相关[2-3]。但由于常规尿素养分释放快，因追求高产其常常过量施用，造成氮素挥发和硝态氮淋洗，不仅增加生产成本，还会诱发环境污染问题[4-5]。已有较多研究表明，河北省玉米季生产中氮肥施用过量导致土壤营养失衡日益加剧，较低的氮肥利用效率引发地下水污染和有害气体排放超量，引发一系列环保问题[6-7]。

缓释肥施用后养分释放符合作物一般需肥规律，具有提高作物肥效、改良土壤、促进作物生长发育、改善农产品品质和降低环境污染的效果[8-9]。目前，夏玉米生产中采用缓释肥一次基施，可满足作物生长发育期间对营养元素需求，具有简化施肥技术和节省劳动人力投入优势[10-11]。然而，由于现阶段市场供应的缓释氮肥，如控缓释尿素生产工艺和技术不尽成熟，存在着生产成本高、作物生育前期供氮相对不足、玉米产量潜力不能充分挖掘等问题，限制其在生产中大范围推广应用[12-14]。研究发现，采用缓释肥与常规尿素按照一定比例配施的施肥技术，能够使其在玉米生育期间的养分释放更加符合夏玉米各生育时期氮素需求，提高玉米对施用肥料的利用效率，具有节省生产成本，是实现玉米高产高效的有效措施[15-17]。

选用氮高效玉米品种是保证玉米高产稳产、减少氮肥施用量和提高氮肥利用效率的有效途径[18-22]。研究发现，不同玉米品种氮效率特征不同，在氮素吸收、利用以及转运等方面存在着明显基因型差异。其中，氮高效品种通过良好根体建成特征和高效氮素吸收、利用机制，有效吸收利用土壤及肥料氮素，减少硝酸盐淋失和其他途径氮损失，改善作物促进生长、产量形成能力和降低地下水资源被硝酸盐污染程度。此外，在氮素供应不足条件下，氮高效玉米品种通过充分利用生长季中土壤矿化氮资源，改善植株氮素营养和产量水平，显著增加经济效益和生态环境效益[23-24]。因此，氮高效品种应用有利于提高玉米氮素利用率，减少资源浪费，减轻环境污染，是促进我国农业可持续发展的有效途径。

因此，通过常规和缓释尿素合理配施，配合氮高效玉米品种，对于河北平原区夏玉米高产和氮高效栽培具有重要实践价值，有助于保障该生态区夏玉米高产稳产、氮肥利用率提高和生态环境保护。但不同氮效率玉米品种植株生长、发育和产量形成，对常规和缓释尿素配施的响应特征及生理机制，仍有待进一步探讨。

本研究以揭示不同氮肥管理模式下，不同氮效率玉米品种氮素吸收、利用和产量形成特征为切入点，在辛集市马庄河北农业大学试验站设置大田试验，以氮高效品种先玉688（XY688）和氮低效玉米极峰2号（JF2）为材料，系统研究了不同氮肥管理模式下夏玉米植株氮素利用与代谢特征及其生理机制，旨在为夏玉米生产中常规尿素和缓释氮肥最佳配施比例确定、减少氮肥施用量、提高夏玉米氮肥利用效率提供科学依据，为河北省氮高效玉米品种遗传选育及优化氮肥管理提供理论支撑[25-26]。

1.2　国内外研究现状及进展

通过浏览中国知网、万方数据，*sciencedirect*、*springer*以及*wiley*等数据库，查阅300余篇中英文文章，重点在玉米植株对氮素的吸收和利用，玉米植株氮素利用效率，玉米氮高效品种氮素吸收利用特征和生理机制，缓释肥料对玉米氮素吸收、物质生产和产量形成能力的影响以及聚天门冬氨酸（PASP）相关研究现状及进展方面进行归纳总结。在对国内外研究现状及进展归纳和总结的基础上，梳理了本文的研究思路，确定了本文的研究方法和研究内容。

1.2.1　玉米植株对氮素吸收和利用的相关研究进展

氮素是植物细胞核酸、蛋白质以及叶绿素等生物大分子的组成成分，是植株生长和发育不可或缺的大量矿质元素[27-28]。其中，核酸和蛋白质分别作为生物体遗传信息载体及参与细胞所有生物学过程，在调控生长发育和作物产量形成能力中发挥重要作用。研究表明，氮素占核酸组分15%～16%，占蛋白质组分 16% 以上。作为酶的重要组分，参与对植株体内一系列生化代谢活动的调节，如通过调控叶绿素的生化合成，影响作物植株群个体的光合速率、组织和器官建成和光合产物累积量；通过调控植物体内的碳氮代谢、细胞分裂素等植物激素含量以及激素平衡特征，在分子水平上对氮素吸收、同化和利用效率基因表达进行调节；通过影响植物体内氮素相关信号传递，广泛参与对植株营养生长和生殖生长特征、生长和发育特性与产量形成能力的调控[29]。

（1）玉米植株对氮素的转运与再分配特征

研究发现，氮素供应对植株体内氮素在组织和器官间的转运具有重要影响。施氮量增加，夏玉米植株营养器官生育后期向籽粒的再度调运能力减弱，表明氮素施用数量与夏玉米植株氮素转运量及转运效率呈负相关，使成熟期玉米籽粒中转运氮比例随施氮量增加而降低。吴雅薇研究表明，低氮敏感型玉米品种植株花前积累氮素能力较强，以保证花后贮存在茎秆和叶片等营养器官中的氮素能较大比例向籽粒转运；而耐低氮玉米品种植株在花前花后均保持较高的氮素吸收、干物质生产能力，由此促使植株获得更高的产量[30]。

相关研究表明，在适宜施氮量条件下，玉米产量与成熟期植株干物质积累量以及氮素由营养器官向生殖器官转运量呈正相关关系。张盼盼研究表明，增施氮素能不同程度提高玉米品种各生育时期植株氮素累积数量，但使生育后期各营养器官氮素向籽粒转运受到抑制，一定程度上造成植株氮素转运效率下降[31]。夏来坤研究发现，在开花至花后 15 d，玉米植株茎鞘中氮素开始向籽粒转运，而叶片中氮素向籽粒转运则在开花至成熟期间均不断进行[32]。张经廷研究发现，相较于其他器官，玉米叶片氮素含量更容易受到氮素供给的影响，因施氮水平和施用时期不同，同一品种叶片含氮量和氮累积量发生较大变异[33]。赵洪祥研究发现，开花期施用氮肥，有利于防止植株生育后期发生早衰，增加该时期的植株氮素积累，但前期植株体内氮素累积过多会抑制后期植株对氮素的吸收利用[34]。

对玉米营养生长阶段植株氮素吸收特征研究表明，拔节期到抽雄期，玉米植株因茎叶快速发育以及幼穗分化对氮素的大量需求，植株在上述生育阶段的氮素吸收强度较大，充足的氮素供应对于改善植株器官建成和穗粒发育具有明显的正向调控作用[35]。在限氮条件下，玉米生育后期贮存在营养器官中的氮素快速向生殖器官转运。丁民伟研究发现，当施氮量在 300 kg/hm² 以下时，生育后期植株营养器官向生殖器官转运量随施氮量增加而增多；当施氮量超过 300 kg/hm² 后，继续增施氮素对生育后期营养器官中氮素向生殖器官中转运能力造成显著抑制[36]。在适宜施氮量（240～300 kg·N/hm²）处理下，适宜追施氮肥的时期为大喇叭口期。该期追施氮素较其他时期追施，能在促进植株氮素吸收、改善器官建成基础上，改善植株生育后期体内的氮素的再度利用效率。

吕鹏研究发现，增加施氮量有助于提高花前植株氮素吸收，但花后籽粒中氮素累积量，随着施氮量的增多呈一定施氮量范围内先增加而后随着氮素供应继续增多而呈下降趋势[37]。卫丽研究发现，与使用常规尿素等化学氮肥相比，施用控释氮肥通过调控生育期间氮素供应特征，在一次播前底施条件下，除为夏玉米提供花前充足氮素以满足植株营养生长的氮素需求外，也为花后植株提供充足氮素，延长植株和光合器官的光合功能期，促进植株同化物生产，并维持生育后期营养器官贮存氮素较大比例向籽粒转运[38]。植株氮素吸收是实现玉米各生育时期较多生物量的基础，植株体内氮素转运对玉米生育后期维持较高根系活性发挥重要作用。程乙研究发现，植株吸氮量与其根系根体建成能力和根系活性具有显著正相关关系[39]。

综上，施氮水平和时期对玉米品种的氮素转运量和转运效率具有较大影响，且缓释氮肥相比于常规尿素氮肥，通过影响肥料在土壤中释放，促进植株对肥料中氮素的有效吸收，显著提高玉米氮素利用率和产量形成能力。因此，进一步阐明缓释氮肥提高玉米氮素利用率的生理机制，对于指导夏玉米高产高效实践具有重要理论和实践意义。

（2）玉米氮素吸收和利用对氮素同化酶活性和激素含量的影响

植株从生长介质吸收至组织和器官的氮素，通过一系列氮素同化过程，最终合成终产物蛋白质。氮同化代谢关键酶主要包括 NR（硝酸还原酶）、亚硝酸还原酶（NIR）GDH（谷氨酸脱氢酶）、GS（谷氨酰胺合成酶）和 GOGAT（谷氨酸合成酶）等。刘丽和刘淑云等研究表明，硝酸还原酶是植株吸收的硝态氮同化限速酶[40-41]。植株根系吸收介质中的硝酸盐（NO_2^-）后，先在细胞质中被 NR 还原为亚硝酸盐，还原后的亚硝酸盐（NO^-）进一步在亚硝酸还原酶的作用下还原为 NH_4^+-N，再经 GS 催化进一步转化为谷氨酰胺。合成的谷氨酰胺在 GOGAT 催化下形成谷氨酸。谷氨酸经转氨酶作用将氨基转至草酰乙酸，合成天冬氨酸[42]。因此，GOT（谷草转氨酶）和 GPT（谷丙转氨酶）是谷氨酸向其他碳骨架转移氨基并形成其他种类 α-氨基酸的核心转氨酶，而 GS、GOT 以及 GPT 调控植株体内谷氨酸和丙氨酸等其他氨基酸的合成速率和数量[43]，通过进一步氨基酸合成代谢，以及位于细胞内质网上核糖体进行的生命信息翻译过程，合成参与植株体内各种生命活动的各种蛋白质。

董志强等认为，NR 蛋白的转录、翻译以及翻译后水平均影响其基因表达和蛋白质合成能力，且其蛋白活性受外界硝酸盐供应数量、光照强度、pH 值等因子的影响。研究表明，外源激素类似物如细胞分裂素、脱落酸、吲哚-3-乙酸、赤霉素、乙烯利等均对硝酸还原酶的活性产生重要影响[44-45]。刘丽等研究发现，NR 活性与细胞中谷氨酰胺、谷氨酸等氮素代谢相关物质呈负相关关系，上述含氮物质含量能直接反映植株体内氮素代谢状况。研究证实，GS 也是氮素同化过程中的重要限速酶，对各种氨基酸合成代谢和蛋白质含量具有重要影响。

王月福研究发现，增加施氮量有助于提高 NR 和 GS 活性[46]。张智猛以花生为对象研究发现，适度增加氮素施用量，可提高植株体内氮代谢相关酶 NR 和 NIR 活性，但对谷氨酰胺合成酶和谷氨酸脱氢酶活性具有负向调控效应[47]。耿玉辉研究发现，随着氮肥施用数量增加，植株体内硝酸还原酶和谷氨酸脱氢酶活性呈现出先增加后降低的抛物线变化趋势[48]。孟战赢研究表明，在总氮施用数量 180 kg/hm² 以下时，随着追肥数量增加，玉米穗位叶硝酸还原酶活性在花后增强，但适宜增强谷氨酰胺合成酶活性的施氮数量与 NR 活性适宜施氮数量降低[49]。赵洪祥研究发现，密植条件下，玉米植株叶片和根系中硝酸还原酶活性与稀植处理相比下降，且叶片中硝酸还原酶活性在整个生育期呈现单峰曲线变化，而根系硝酸还原酶活性在整个生育期呈现双峰曲线变化[50]。除施氮量对氮代谢相关酶活性具有较大影响外，光照强度也对上述氮代谢酶活性具有较大影响。关义新研究发现，强光处理下的硝酸还原酶和谷氨酸脱氢酶活性均显著高于弱光处理[51]。

综上，前人对施氮量与作物氮代谢相关酶活性的研究已有较多报道，表明适度供氮对玉米植株氮代谢相关酶活性具有促进作用，而过量施氮对其活性会产生抑制作用。而不同氮肥种类对玉米叶片氮代谢特征的影响及生理机制仍有待进一步研究。

（3）玉米氮素吸收相关基因表达及调控机制

参与玉米植株氮代谢基因主要包括编码氮转运蛋白基因和编码氮同化相关酶基因。如前所述，玉米等作物植株从土壤中吸收的氮素主要是硝态氮和铵态氮形式。其中，植株通过两套转运系统吸收土壤中硝态氮。当施氮量较多且土壤中硝酸盐浓度高时，植物利用体内的低亲和性的硝酸盐转运系统（NRT1）对土壤中的 NO_3^- 进行吸收；当土壤中硝酸盐浓度较低的条件下，植物启动具有高亲和特性的硝酸盐转运系统（NRT2），介导植株对土壤中的 NO_3^- 进行吸收。相关研究表明，模式植物拟南芥中含有 53 个编码 NRT1 转运蛋白家族基因，含有 7 个编码 NRT2 转运蛋白家族基因。厌氧条件下，土壤中存在的氮素主要以铵态氮形式存在，植物对该氮素形态的吸收主要由铵转运蛋白调控。研究证实，玉米等作物植株体内的铵转运蛋白同样为低亲和转运系统（LATS）和高亲和转运系统（HATS），介导介质中铵态氮的吸收以及植株组织器官中的转运。

植物叶片中氮素代谢也受到相应基因的控制。通过基因转录、翻译和表达，合成参与氮同化过程的酶类物质，如 NR、NiR、GS、GOGAT 以及 GDH 各种蛋白。因植株对氮素代谢和同化的首个关键酶为硝酸还原酶（NR），因此，植株硝酸还原酶活性可以反映植株氮代谢水平的高低[52]。前人对拟南芥研究发现，该植物种属中含有两个 NR 编码基因，分别为 NIA1 和 NIA2。通过对硝酸盐累积能力不同的两个玉米自交系研究发现，硝酸盐累积低的玉米自交系，其叶片硝酸还原酶活性（NRA）显著高于硝酸盐累积高的玉米自交系。此外，两个氮效率存在明显差异的玉米自交系，苗期植株体内的硝酸还原酶基因 ZmNR1 和 ZmNR2 表达具有显著差异。谷氨酰胺合成酶是氮同化关键酶，胞液和胞质是谷氨酰胺合成酶的工作场所，其中胞质谷氨酰胺合成酶通过转氨作用在蛋白质合成所需各种氨基酸代谢中发挥重要作用。

氮同化是通过 GS 和 GOGAT 完成的该 GS/GOGAT 循环是植株氮同化的主要途径，也是植株将无机氮转化为有机氮的代谢枢纽。研究表明，谷氨酰胺合成酶主要参与光呼吸氨、还原氨、循环氨再同化等代谢过程，最终将无机态的氮转化为氨基酸，合成植株必不可少的谷氨酰胺。前人对苜蓿研究发现，该植物种属植株体内谷氨酰胺合成酶包含两个同工酶，分别是 GS1 和 GS2。其中，GS1 主要参与蛋白质等含氮有机化合物降解，进一步对产生氨再同化及转移利用。与 GS1 功能有所不同，GS2 在根系中受到硝态氮的诱导；而叶片中 GS2 参与植株光呼吸和硝态氮还原过程，表明在叶中诱导 GS2 的直接信号可能是源于硝态氮的代谢产物。胞液型 GS1 主要分布在细胞质中，而胞质型 GS2 主要分布在叶绿体中或者质体中。研究表明，植物种属 GS1 基因一般进化成由 3~5 个成员组成的小家族，而 GS2 基因一般只有一个成员。

研究表明，植物种属胞质型谷氨酰胺合成酶基因 GS2 也参与叶片衰老过程中氮的转运，因而对作物籽粒生产能力发挥重要的调控作用。对玉米的研究表明，GS1 基因家族含有 5 个成员，分别为 Gln1-1、Gln1-2、Gln1-3、Gln1-4 和 Gln1-5；GS2 基因仅为 1 个。表达分析表明，Gln1-1 和 Gln1-2 分别在根系和种皮等组织器官中具有较高表达水平；而 Gln1-3 和 Gln1-4 分别在叶肉细胞和叶片维管束鞘细胞中表达水平较高；Gln1-5 在所有组织器官中的表达水平均较低。迄今，已有学者以 Gln1-3 和 Gln1-4 两个基因为研究对象，对其生物学功能展开研究[53-55]。

GOGAT 为植物体内氮素同化与循环的关键酶，通常含有 F-GOGAT 和 NADH-GOGAT 两种。其中，F-GOGAT 主要分布在叶绿体中，在光照条件下该酶催化谷氨酰胺和 α-酮戊二酸发生反应，生成谷氨酸。研究表明，玉米植株体内 F-GOGAT 主要分布于维管束鞘的叶绿体中[56]。NADH-GOGAT 主要分布于植物的根系中，前人对水稻研究发现，非绿色或未完全展开、正在发育的叶片，具有较高的 NADH-GOGAT 含量和酶促催化活性，而 F-GOGAT 则在完全展开的成熟叶中含量较高。前人研究表明，大豆中两种谷氨酸合成酶亚型具有独特的作用，经过铵态氮处理的大豆幼苗根系，NADH-GOGAT 编码基因的表达量、蛋白质含量及酶活均较对照显著增加；照光处理下，植株体内 F-GOGAT 基因表达水平和蛋白质含量均明显增加，导致其酶活也大幅提高。前人对大麦研究发现，该植物种属叶片内 F-GOGAT 含量随着叶片展开而增加，随着叶片生育后期不断衰老其含量不断减少。

GDH 是植物志种属中普遍存在的氮代谢相关酶，通过催化铵离子和 α-酮戊二酸合成，参与氮素的同化过程。GDH 对铵离子的亲和力较差[57]。玉米种属中含有两个 GDH 编码基因，分别为 ZmGDH2 和 ZmGDH1。与低等生物的 GDH 亲和铵离子能力相比，玉米等高等植物 GDH 亲和底物铵离子的能力显著降低。因此，低等生物 GDH 编码基因具有提高作物氮素利用率的功能，可作为提高作物氮肥利用率的外源基因[58]。研究还表明，低等生物 GDH 基因能有效缓解过量铵离子毒害、增强植株抗逆能力。前人通过把 GDHA 基因转入玉米，发现遗传转化玉米耐旱性增加，种子萌发率和植株生物产量明显提高[59]。

综上，前人围绕植物种属氮代谢分子过程已开展较多研究，鉴定了参与植株体内氮素同化和代谢相关基因，以及不同措施下氮代谢相关基因表达模式。进一步开展不同品种和氮肥种类下不同氮效率玉米品种氮代谢相关基因表达和功能鉴定研究，不仅有助于阐明玉米高效吸收利用氮素的生物学基础，对于玉米氮高效遗传改良和减氮栽培实践也具有重要的指导价值。

1.2.2 玉米植株氮素利用效率相关研究进展

在玉米和其他作物中，通常用植株氮素利用率（NUE）来反映作物系统对整体氮素输入的利用效率，即在一个给定边界系统中，氮素产品输出与输入的比率（output/input 或 removal/use）。采用的具体计算公式为：氮素利用率 NUE＝产品输出带出氮/氮素总输入×100%。近年来，有学者用氮肥回收率、氮肥农学利用率、氮肥生理利用率、氮肥偏生产力等来反映作物生产系统施入肥料氮效益的指标。其中，魏冬、侯云鹏等用氮素籽粒生产效率、氮素干物质生产效率、氮素收获指数、氮素运转效率作为反映土壤氮素效益的指标[60-64]。

（1）不同氮肥处理对玉米氮素利用效率的影响

氮素通过调节植物干物质生产和积累，进一步对植株产量形成能力进行调控。植株、籽粒含氮量与施氮量通常呈显著正相关。但氮素用量过高，造成植株对氮素的吸收、利用效率和收获指数降低。赵秉强和钟旭华认为，可将作物氮肥利用效率作为生产中氮素管理的重要指标。解君研究发现，氮素供应量显著大于籽粒产量的增幅，作物植株氮素利用效率降低。李虎、吕鹏等和巨晓棠等研究发现，我国作物的氮素利用率仅26%左右，与发达国家相比降低10%～20%[65-66]。因此，合理氮素运筹是实现玉米高产高效的重要措施。李少昆认为，现阶段我国玉米生产目标应由增加产量为主转向为高产、优质、绿色、高效、生态、安全等多目标协同发展，实现适宜施氮等高效玉米生产系统增产与提高劳动生产率和资源利用效率并重目标[67]。

在适宜施氮范围内，玉米植株营养器官氮素积累及其对籽粒氮转运率与施氮量呈正比关系，过量供氮则对上述性状产生不利影响，造成植株氮肥利用率降低；而分次施氮对提高氮肥利用率具有正向调控效应。陈艳萍等的研究表明，随着施氮水平提升，玉米氮素利用效率呈先升后降特征[68]。金继运和王俊忠的研究也证实，在一定范围内，随着施氮量增加玉米产量随之提高，但过量增施氮肥后籽粒增产不显著，甚至造成减产且植株氮素利用效率降低。孟战赢等认为，适量施氮有利于改善植株光合活性，延长光合与籽粒灌浆时间，提高玉米单株生产能力。

于飞研究发现，施氮过量会导致氮肥利用率下降[69]。申丽霞等人的研究表明，随着施氮量的增加玉米产量呈现先上升后下降趋势；适量施氮可促进玉米果穗顶部籽粒发育，增加穗粒数，提高产量[70]。张平良等研究发现，在 60 000 株/hm² 种植密度下，旱地全膜双垄沟播玉米栽培的适宜施氮量为 207 kg/hm²，该密植栽培方式下植株具有高产潜力，氮素利用率提高[71]。何萍等研究认为，随着氮肥不断增加，玉米植株营养器官氮素运转率呈现先增加后降低趋势；过量氮肥供应会导致植株光合能力下降，诱发植株和叶片早衰，影响发育籽粒的碳、氮代谢和供应，不利于氮肥利用率和产量提高[72]。王端等通过 3 年试验，对春玉米氮素利用效率以及玉米产量和施氮量之间的关系进行了探讨。结果表明，植株的氮肥利用率与产量呈显著正相关，而与施氮量呈显著负相关[73-75]。

氮肥种类对作物植株氮素吸收具有较大影响。易镇邪等的研究表明，氮肥类型对玉米植株的氮素利用的影响显著，其中，植株氮肥偏生产力与氮肥农学利用率变化规律相同，均与氮素利用效率和氮收获指数呈负相关。采用有机无机复配或含缓释肥处理，与尿素单施相比可显著提高玉米植株的氮肥偏生产力和氮肥农学利用率；且不同施肥处理下植株氮肥利用率和氮素收获指数变化与氮肥偏生产力和氮素农学效率呈相反趋势[76]。姜继志等和肖强等研究发现，施用缓释氮肥可以提高肥料中养分的利用率，提高玉米植株在各生育时期的氮素累积量，有助于玉米增产增收[77]。

李燕青等人以猪、牛、鸡的粪便为试材，通过设置化肥与有机肥不同配施试验，发现单施有机肥牛粪处理的作物氮素利用率显著高于化肥处理。罗佳等人发现，与复合肥处理相比，单施化肥处理下植株氮肥利用率、农学利用效率、氮肥回收效率、生理效率以及偏生产力显著降低。岳克研究发现，与常规尿素单施对照相比，腐植酸尿素和控释尿素处理能显著增强玉米氮素吸收，提高玉米产量、秸秆产量以及氮肥利用率[78]。丁相鹏等研究发现，在 225 kg·N/hm² 施氮量处理下，一次性基施控释尿素且施用深度为 10～15 cm 时，夏玉米植株的氮素吸收积累量、干物质积累量、氮素利用效率显著提高，氮素损失降低，最终获得较高籽粒产量，实现高产高效。表明控释尿素基施深度对夏玉米生长发育和产量及氮素利用具有明显促进作用[79]。金何玉研究发现，与施用单一化肥对照，通过配施硝化抑制剂使化学氮肥减施 25% 处理下，植株氮肥利用率提高，并且产量稳定[80]。

综上，前人围绕品种和氮肥种类，如常规尿素和缓控释尿素对玉米植株氮素吸收和氮效率的影响，明确了氮肥减量下施用缓释尿素能有效提高玉米氮效率。上述研究结果为今后尿素和缓释尿素配比改善玉米植株氮素利用和节氮栽培提供了重要理论依据。

（2）提高玉米氮素利用效率的途径

提高植株氮素利用效率是提高玉米施用氮素收益、降低氮肥施用带来可能环境风险的重要途径。米国华等认为，可以通过以下途径提高玉米的氮素肥料养分利用效率：采用养分高效高产品种、化肥高效施用"4R"技术、化肥有机替代技术及根层土壤调控技术[81]。

采用养分高效高产玉米品种。养分高效高产玉米品种是指在相同施肥量水平下，具有较高产量形成能力或在同等产量水平上需求较少养分数量，能实现较高肥料偏生产力的品种。通过应用促进根系生长的微生物肥料等技术，对玉米植株根系或根层进行生物学调控，促进根系生长或增加根系活力，进而提高植株养分获取效率。米国华等围绕玉米高效吸收氮素的理想根构型研究，提出了基于土壤氮素有效性、硝态氮运移特点以及玉米吸氮规律，有效调控根系生长和根体建成技术，明确了玉米氮高效理想根系构型。认为增加根系在深层土壤中分布进行根系构型改良，可以有效减少氮素深层淋失，提高植株氮肥利用效率，稳步实现玉米氮高效利用与高产协调发展。

化肥高效施用"4R"技术。合理肥料用量（Right rate）是根据作物养分需求特性、产量预期、外界环境影响等信息，结合土壤养分状况综合考虑氮素损失后，确定的合理肥料用量。正确施肥时间（Right time）是根据作物全生育期需肥规律，采取合理的追肥、水肥一体化等技术，进行分次施肥实现养分供应与作物需求规律相互匹配。合适的肥料（right fertilizer）是指根据土壤特性、品种、种植模式以及生产条件，正确使用含脲酶抑制剂肥料、含硝化抑制剂肥料、聚天门冬氨酸（PASP）、包膜肥料、水溶性肥料等新型肥料。肥料位置合理（Right placement）是指利用合理的施肥技术，将养分相对集中供应到根系或根际，减少养分损失，并通过控制施用肥料与种子位置，避免肥料氮素抑制种子萌发和"烧苗"现象发生。

化肥替代以及根层土壤调控技术。李梁等通过研究玉米的养分收获指数发现，收获时秸秆中含有的氮、磷、钾养分，分别为玉米植株总养分含量的 25%~40%、25%~35%、70%~72%[82]。在合适地域范围，推广有机肥和秸秆还田技术，不但可减少化肥投入数量和成本，还有利于土壤质量提升和减少环境污染，实现循环农业。进一步研究和完善有机肥替代化肥技术，将是今后玉米肥料高效研究领域的重点。通过适宜的深松、深翻技术，改善根际土壤紧实度和通气透水状况，在一定程度上解决土壤板结问题，促进玉米植株根系生长，提高植株获取养分能力，提高玉米养分吸收效率。

综上，选用养分高效高产的玉米品种并结合合适的肥料，如聚天门冬氨酸（PASP）、包膜肥料、水溶性肥料等新型肥料，是今后提高玉米肥料养分效率和促进玉米可持续发展的有效措施。

1.2.3 玉米氮高效品种氮素吸收利用特征和生理机制

20 世纪初，玉米氮效率的品种间差异已得到研究者认识，70 年代末，提高玉米氮效率问题被逐步重视。春亮等研究表明，玉米品种间在氮素吸收能力上存在差异，氮高效型玉米品种在生育期间尤其在开花期以后，植株仍具有较强的吸氮能力，该类型玉米品种生育后期植株的氮素吸收量约占全生育期氮素总吸收量的 30% 以上。与氮高效品种相比，氮低效型玉米品种全生育期的氮素吸收累积数量较少，生育后期植株氮素吸收占总氮素吸收数量的 10% 左右。陈范骏等的研究也表明，玉米氮效率存在着明显的基因型差异。

依据产量和氮效率，玉米品种可分为高效品种和高产品种，其中高效品种是指能在低氮或不施氮条件下具有获得高产潜力的品种，而高产品种是指能在高氮条件下获得高产的玉米品种。根据产量形成对氮素供应的响应程度，玉米氮高效品种又分为"高氮高效"和"低氮高效"两种类型[83]。研究表明，随着氮肥投入增加，高氮高效品种产量进一步提高，通过在高氮供应条件下表现出较高的氮响应度实现高产；低氮高效品种随着氮肥投入减少，氮素利用能力增强，在低氮供应范围内表现出较高的氮肥响应度，具有低氮稳产特性。上述两类玉米品种在氮素营养高效的生理机制上呈现不同的特征。米国华等以碳氮关系为切入点研究发现，在供氮充足与不足条件下，植物氮代谢及其关系的协调、植物氮素的累积量分别是影响作物氮效率和产量高低的重要因素。

（1）氮高效品种氮素吸收和利用特征

氮高效品种是生产中实现玉米高产高效的有效途径，是未来玉米品种选育的主要方向。在低氮条件下，相同施肥水平时氮高效品种获得较高的玉米产量。曹鑫波研究发现，与低氮低效型品种绥玉 7 号相比，氮高效玉米品种郑单 958 具有更高的籽粒产量、植株氮含量、氮吸收速率、氮素干物质生产效率以及氮肥利用效率[84]。叶片通过影响植株光合作用和蒸腾特性，对玉米植株的氮素积累和转运具有重要影响。研究表明，低氮高效型玉米品种植株干物质和氮素积累均倾向于向叶片积累，具有较高叶片器官分配比例，维持良好的光合作用、干物质生产以充分满足玉米植株的正常生长发育。

陈范骏等进行了两年定点试验，根据 40 个供试品种的籽粒产量和氮效率特性，将参试品种划分成低氮高效型、高氮高效型，双高效型、双低效型四种类型。Li 等在河北平原区利用目前推广较多的 20 个玉米品种，以低氮和高氮水平下供试玉米品种产量的平均值作为划分依据，筛选确定先玉 335、郑单 958、先玉 688 等 7 个品种具有氮高效的特性。李向岭等利用模糊隶属函数和主成分分析法，评价了 20 个玉米品种的耐低氮特性，筛选出高产耐低氮基因型品种先玉 688 和郑单 958，低产低氮敏感基因型品种极峰 2 号和华农 138[85]。上述研究表明，氮高效玉米品种通过改善植株对环境中的氮素吸收和利用能力，提高植株的产量和氮素利用效率。

（2）氮效率基因型玉米对植株干物质生产及氮素积累特性的影响

马晓君等的研究表明，不同施氮水平下，氮高效玉米品种单株干物质累积较氮低效玉米品种有显著提高[86]。崔超等研究认为，在高产施氮水平下，植株花前营养器官干物质转移量与开花期后干物质是造成氮高效型品种与氮低效型品种产量差异的主要原因。崔文芳等指出，氮高效型玉米品种的高效氮素吸收主要表现在生育后期，这与高产氮高效品种在此期仍有较强光合能力进而植株干物质累积提供物质基础有关。李阳的研究表明，在施氮肥 225 kg/hm² 处理下，高氮高效品种和双高效品种成熟期总干物质累积量和花后干物质累积量分别比双低效型品种提高 20% 和 37%，且随着玉米品种产量的增加，植株花后干物质累积呈逐渐增加趋势[87]。不同玉米品种在氮素养分吸收上存在显著遗传学差异，同一品种在不同氮素供应条件下氮素积累特征也表现不同。春亮和易镇邪等的研究表明，氮高效品种植株氮素积累量均显著高于氮低效品种，且施氮处理显著高于不施氮处理，上述差异主要与开花期以后表现不同所致。

综上，前人以氮高效玉米品种为材料，对该类型玉米品种植株干物质生产和氮素积累与转运特性，以及对氮肥的响应机制开展了很多研究，研究结果为今后揭示玉米品种氮高效的农学效应和玉米栽培实践提供了借鉴和参考。

1.2.4 缓释肥对玉米氮素吸收、物质生产和产量形成能力的影响

缓释肥料是指由于表面包涂半透水性或者化学成分改变，而使肥料中的有效养分缓慢释放，肥效保持时间较长。缓效肥料主要分为磷酸镁铵等难溶于水的化合物、包硫尿素等包膜或涂层肥料、肥料养分与天然或合成物质呈物理或化学键合的载体缓释肥料三大类。目前，以氮肥为主的单体缓释肥较为常见。缓释肥料可以控制养分在土壤中的释放速度，肥料施入土壤中缓慢分解，并根据作物对养分的吸收利用特性，满足作物不同各生长阶段对肥料养分的需求[88]。由于土壤类型、理化性质、微生物活性以及水分供应条件等外界因素均对缓释肥料养分释放产生影响，可能导致养分释放速度和作物的营养需求不一定完全同步，影响缓释肥施用的预期效果。研究表明，在玉米生产实际中，缓释肥料施用可以有效减少肥料养分尤其是氮素在土壤中损失，避免或减轻由于过量施肥而引起的对种子或幼苗的伤害，且减少施肥次数，具有节省劳力和节约成本的良好效果。

（1）常规和缓释尿素配施对玉米产量及氮肥利用率的影响

已有学者对夏玉米和水稻等作物进行常规尿素与缓释尿素混施效果开展了研究，发现上述混施肥料处理具有显著的增产效果。目前，作物中施用的缓控释肥料主要为添加脲酶抑制剂和硝化抑制剂。施用控释尿素通过减少氨挥发和氮肥损失，提高植株的氮肥利用效率，改善玉米产量[89]。尹彩侠等的研究认为，75%的农民习惯施氮量，可以增加春玉米产量、干物质及氮素累积量，提高肥料中养分利用效率，实现增产目标[90-91]。刘诗璇等研究认为，在控释氮肥与常规尿素氮肥 3∶7 配施处理下，玉米产量、施肥收益和各种氮肥利用指标均显著高于单施控释氮肥及其与其他肥料配施处理[92]。史桂芳等的研究表明，采用常规尿素施肥量 80% 水平的控释肥一次施用更有利于实现作物生产省工、高产、高效、节肥目的，适宜在华北平原夏玉米生产区推广应用[93]。王宜伦等的研究表明，与生产中习惯采用的两次施氮处理相比，一次性施用缓/控释氮肥和"苗肥30%+大口肥 30%+吐丝肥 40%"三次施氮处理下，玉米灌浆期植株氮素积累量和氮肥利用效率均显著提高，产量增加，实现夏玉米增产增效目标。岳克等的研究认为，在施氮量 250 kg/hm² 处理下，与常规尿素对照相比，控释尿素使夏玉米产量提高33.5%，植株地上部吸氮数量和氮肥利用效率也显著增加[94]。郭金金等的研究表明，尿素配施缓释氮肥和缓释氮肥均有助于提高夏玉米氮肥利用率，促进植株体内更多氮素向籽粒中运

转，提升作物产量形成能力[95]。金容研究发现，配施与单独施用常规尿素对照相比，常规尿素和控释尿素配施处理玉米开花期和灌浆期功能叶氮代谢关键酶活性显著提高，其中，以 25% 常规尿素配比 75% 控释尿素处理的上述酶活性提高尤为显著。黄巧义等研究也发现，甜玉米植株氮素吸收、物质累积和产量在常规尿素和缓释尿素配施处理下高于常规施肥处理，且随着控释尿素配施比例增加，植株上述性状的改善更为明显。姬景红等研究发现，缓释肥配施能有效增加土壤硝态氮含量，减少土层硝态氮残留数量，有助于延缓叶片衰老，提高玉米产量。

综上，前人研究发现，常规尿素和缓释尿素配施处理能够保障玉米生育期对养分需求，提高植株肥料利用率，对增加地上部干物质以及氮素累积量和提高产量具有显著提升效果。

（2）常规和缓释尿素配施对玉米叶片氮代谢特征的影响

有关尿素和缓释肥配施对玉米叶片氮代谢的影响也有较多报道。金容研究发现，适宜比例常规尿素和缓释尿素配施，可提高玉米植株前中期氮素积累和中后期氮代谢关键酶活性。郭萍研究发现，常规尿素和缓释尿素按5：5和1：3配施一次性基施处理下，与常规尿素对照相比，玉米叶片谷氨酸合成酶和谷氨酰胺合成酶活性显著提高。白倩倩的研究表明，与常规尿素相比，缓释氮肥与常规尿素配施可以显著提高夏玉米各时期叶片中硝酸还原酶（NR）和谷氨酰胺合成酶（GS）活性，且随着缓释氮肥施用比例的提高，NR 和 GS 活性的增加幅度越大。已有大量研究表明，缓释氮肥与常规尿素配施能提高玉米生育后期土壤中硝态氮和铵态氮的含量。较高的土壤硝酸盐含量有助于维持高的硝酸还原酶活性，对玉米生育后期植株氮代谢发挥正向调控作用。姬景红的研究表明，缓释氮肥配施比例过高或过低时，玉米穗位叶光合速率提升效果相对较低[96]。李伟研究发现，相较于单施常规尿素氮肥处理，控释氮肥配施处理下植株生育后期穗位叶净光合速率明显提高[187]。与此类似，谢国辉和姜秀芳研究也发现，缓释氮肥与常规尿素配施配合深松施肥能提高玉米各生育时期的叶面积指数和叶绿素含量，进而增加植株各生育时期的光合速率[97]。

综上所述，缓释氮肥与常规尿素氮肥按合理比例配施，通过增强玉米功能叶片氮代谢关键酶活性以及提高叶面积指数，对改善夏玉米植株各生育时期尤其生育后期的植株光合效率、干物质生产和产量形成能力具有重要影响。

1.2.5 聚天门冬氨酸（PASP）相关研究进展

聚天门冬氨酸（PASP）是一种仿生合成的水溶性可降解高分子氨基酸聚合物，是生物降解快、环境友好型的化学产品。迄今，聚天门冬氨酸在水处理、医药、农业、日化等领域均有广泛应用。在农业生产方面，作为一种氨基酸，聚天门冬氨酸可以与肥料产生反应，作为肥料的增效剂。此外，因为聚天门冬氨酸对金属离子具有螯合作用，该物质可以将土壤中氮、磷、钾及微量元素在作物根部区域富集，增强作物对上述养分的吸收，减少肥料中养分损失，从而促进作物生长发育，提高作物的产量和品质，提高作物对养分的利用效率[98]。

PASP 通过对金属离子螯合，富集土壤氮、磷、钾及微量元素，促进作物对营养元素的吸收。研究发现，该物质对植株体内氮素代谢也有促进作用，提升玉米产量形成能力。与常规尿素相比，PASP 尿素使养分持效时间延长，增强植株生育后期氮素的供应能力。雷全奎等的研究发现，在花生上使用 PASP 可提高花生氮磷钾吸收量，提高氮磷钾肥料，增加土壤有机质和全氮含量。高娇等的研究发现，PASP-N 处理可提高玉米花后/花前干物质积累比例，进而使花后植株抗逆能力增强，促进玉米植株花后干物质的生产。姜雯等利用盆栽试验，将聚天门冬氨酸与常规肥料混用，表明上述肥料混施处理可提高玉米幼苗叶片叶绿素含量、硝酸还原酶（NR）活性；高娇等利用含 PASP 的聚糠萘合剂（PKN）处理盆栽玉米，进行幼苗和田间不同积温带试验，发现 PKN 处理显著提高盆栽玉米幼苗 NR 活性、谷氨酰胺合成酶（GS）活性。张运红等的研究表明，在大田玉米中使用 PASP 氮肥，植株氮肥利用效率较常规尿素化肥对照提高 10.3%，PASP 增效尿素减量20% 下与常规尿素相比，玉米植株更为稳产[99]。唐会会研究认为，在氮素减少 30% 施用下，PASP 螯合氮肥处理可以保持玉米干物质积累及产量，同时提高氮肥利用率。程凤娴等研究发现，在液体肥料中加入 1%PASP，可促进玉米氮磷钾养分积累，提高植株肥料利用效率。陈倩等研究发现，施用 PASP 可降低土壤氮素损失，增加甜茶对氮素的吸收。张琳等研究发现，施用 PASP（肥料用量 5%）加水溶肥处理，可增加油菜植株的叶绿素含量，促进油菜干物质积累和氮、磷、钾元素吸收，提高维生素 C 的含量。同时，降低籽粒产品的硝酸盐含量，提高油菜的品质。韩真等研究发现，PASP 配施钾肥处理，使钾素用量减少 50% 条件下，葡萄植株不仅保持高产，同时还促进植株钾肥利用效率提高[100]。

综上，前人的研究表明，PASP 配施尿素具有控释氮肥的作用。PASP 配施尿素处理能够保障玉米生育后期对养分需求，提高植株的肥料利用率，增加植株地上部干物质积累量与氮素累积量。

1.2.6 问题的提出

综上所述，通过尿素和缓释尿素合理配施，配合氮高效玉米品种，对于河北平原区夏玉米高产和氮高效栽培具有重要实践价值，有助于保障该生态区夏玉米高产稳产、氮肥利用率提高和生态环境保护。但有关不同氮效率玉米品种植株生长、发育和产量形成对常规和缓释尿素配施的响应特征及生理机制仍有待进一步探讨。

PASP 作为绿色生物肥料增效剂，与尿素配施能够保障玉米生育后期对养分需求，提高植株的肥料利用率，增加植株地上部干物质积累量与氮素累积量，在玉米生产中具有广阔的应用前景。以往对于 PASP 的研究主要集中在东北春玉米区、黄淮海南部河南夏玉米区以及四川、陕西等区域，有关河北省太行山平原夏玉米 PASP 配施尿素效果研究尚少见相关报道。

河北省玉米高产稳产对于保障我国粮食安全具有重要实践意义。该区域玉米季施肥方式主要为基施氮肥和全部磷肥、钾肥，拔节期和灌浆期追施部分氮肥。然而，基施氮肥容易造成氮素大量流失，引起玉米后期早衰减产；在玉米生育中后期追施氮肥的技术不成熟、工作量大、可操作性差。目前，该区域玉米季生产中氮肥施用过量导致土壤营养失衡日益加剧，较低的氮肥利用效率引发地下水污染和有害气体排放超量，引发一系列环保问题。

因此，本研究以解决河北省太行山山前平原区玉米氮肥施用不合理、肥料利用低的问题为目的，在氮肥全基施条件下，以不同氮效率玉米品种和氮肥管理模式为切入点，在辛集市马庄河北农业大学试验站设置大田试验，揭示该区域不同氮肥管理模式（尿素与缓释尿素不同配比、PASPN）对夏玉米氮素代谢和产量的调控效应及生理机制，拟解决以下两个问题。

问题一，PASP 螯合氮肥方式下氮高效玉米品种叶片氮代谢特征及其节氮增效的生物学基础。

问题二，河北省太行山山前平原区夏玉米生产中，常规与缓释尿素适宜配施对氮高效品种植株氮代谢的影响。

1.3 研究思路与内容

本研究设置两组试验设计，以氮高效玉米品种先玉 688（XY688）和氮低效玉米品种极峰 2 号（JF2）为材料，研究不同氮肥管理模式（包括品种和氮肥种类、常规尿素与缓释尿素不同配施）对玉米氮素分配与转运、叶片氮代谢特征及氮代谢同化与转移基因的影响，旨在揭示氮高效品种氮素利用与代谢特征对不同氮肥管理模式的响应及其生理调控机制，鉴定适合河北省太行山山前平原夏玉米生产中的氮肥类型。研究结果将为河北太行山山前平原区域缓释氮肥示范和规模应用提供科学依据，并为河北夏玉米减氮高效、全基施简化生产提供理论支撑。

1.3.1 试验设计一

设置不施氮（CK）、农民习惯施氮（FP，240 kg N/hm²）、推荐施氮（OPT，180 kg N/hm²）和聚天门冬氨酸螯合氮肥（PASPN，180 kg N/hm²）4 个处理。

采用试验设计一，研究以下内容。

（1）品种和氮肥种类对玉米产量性状及氮素利用特性的影响

研究不同氮肥种类方式下，XY688 和 JF2 在不同氮肥种类处理下，植株干物质积累、氮素积累与转运差异，叶片氮代谢关键酶活性，明确氮肥种类调控玉米产量形成和植株氮效率的生理机制及两品种间差异情况。

（2）品种和氮肥种类对玉米植株氮代谢特征的影响

研究不同氮肥种类方式下，XY688 和 JF2 叶面积、光合速率、氮代谢酶活性、内源激素含量等生理参数及两品种间差异情况。

（3）玉米叶片氮代谢相关基因对氮肥的响应特征

采用基因表达分析技术，结合基因特异引物，揭示叶片中氮同化相关基因应答氮肥种类的表达模式。

1.3.2 试验设计二

设置常规尿素（U）；缓释尿素（S）；常规尿素（U）和缓释尿素（S）7∶3 掺混（US3）；常规尿素（U）和缓释尿素（S）5∶5 掺混（US5）；常规尿素（U）和缓释尿素（S）3∶7（US7）共 5 个处理，各处理施氮量均为 180 kg/hm²。

采用试验设计二研究以下内容。

（1）常规和缓释尿素配施对玉米产量性状及氮素利用特性的影响

研究不同常规和缓释尿素配施比例下，XY688 和 JF2 干物质积累、氮素积累与转运特性和氮代谢关键酶活性及两品种间差异情况，阐明玉米产量和氮效率的内在联系。

（2）常规和缓释尿素配施对玉米植株氮代谢特征的影响

研究尿素和缓释尿素不同配施比例下 XY688 和 JF2 叶面积、光合速率、氮代谢酶活性、内源激素含量等生理参数表现特征及两品种间差异情况，为夏玉米常规尿素和缓释尿素高效配施技术提供理论依据。

试验设计一和设计二均采用裂区设计，施肥处理为主区，供试玉米品种为副区；以氮高效玉米品种 XY688 和氮低效玉米品种 JF2 为材料。试验设计和试验内容的内在关系见图 1-1 和表 1-1，技术路线见图 1-2。

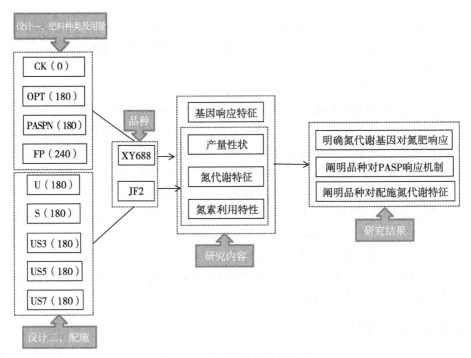

图 1-1　试验设计的内在关系

表 1-1　试验设计的内在关系

主区　副区	氮处理（kg/hm²）							
XY688	CK（N0）	FP（N240）	OPT（N180）	S（N180）	PASPN（N180）	US3（N180）	US5（N180）	US7（N180）
JF2	CK（N0）	FP（N240）	OPT（N180）	S（N180）	PASPN（N180）	US3（N180）	US5（N180）	US7（N180）

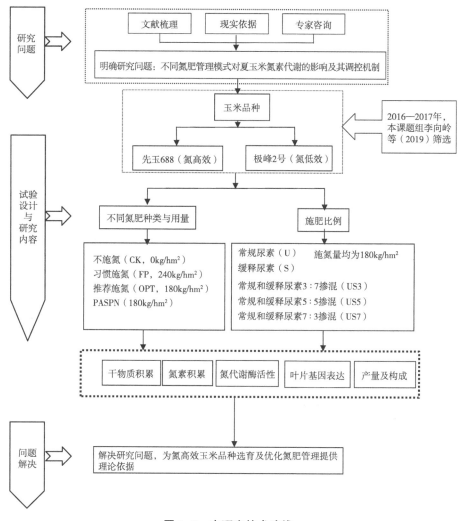

图 1-2　本研究技术路线

1.4 关于试验设计的说明

1.4.1 试验地点选取

本研究选取辛集市马庄河北农业大学试验站开展试验设计，主要有以下原因。

一是该试验站处于太行山山前平原区和黑龙港低平原区的交错带，生态类型区较为典型。

二是该区域为河北平原区典型夏玉米高产区，对开展高产区减氮增效研究有一定代表性。

三是河北农业大学粮食丰产工程课题组多年在该试验站开展了大量冬小麦—夏玉米提质增效研究，有很好的研究基础。

1.4.2 供试玉米品种选取

2016—2017 年，本课题组李向岭等利用模糊隶属函数和主成分分析法，将秃尖长、保绿度、ASI、SPAD 值和单穗粒重 5 个指标作为玉米品种耐低氮能力的评价指标，评价了 20 个玉米品种的耐低氮特性，得出 XY688 为高产耐低氮基因型品种（量化指标为 12.82），JF2 为低产低氮敏感基因型品种（量化指标为 11.83），两品种的氮效率差异显著；两品种在河北平原的推广种植面积较大，有一定的代表性。因此，本研究以 XY688 和 JF2 作为供试玉米品种。

1.4.3 聚天门冬氨酸螯合氮肥（PASPN）选取

聚天门冬氨酸（PASP）作为绿色生物肥料增效剂，配施尿素具有控释氮肥的作用，能够保障玉米生育后期对养分的需求，提高植株的肥料利用率，增加植株地上部干物质积累量与氮素累积量，在玉米生产中具有广阔的应用前景。以往对于 PASPN 的研究主要集中在东北春玉米区、黄淮海南部河南夏玉米区以及四川、陕西等区域，有关河北省太行山平原夏玉米 PASP 配施尿素的施用效果研究尚少见相关报道。因此，本研究选取 PASPN 作为缓释肥，为其在河北平原玉米季生产中的示范与推广提供理论依据。

1.4.4　氮肥管理模式

本研究的氮肥管理模式具体指 CK、FP（240 kg N/hm^2）、OPT（180 kg N/hm^2）、PASPN（180 kg N/hm^2），4 种氮肥类型和用量处理以及 U、S、US3、US5、US7，5 种常规和缓释尿素配施处理。

2 品种和氮肥种类对玉米产量及氮素利用特性的影响

玉米氮效率存在基因型差异，选用氮高效品种和优化施肥方式是提高玉米氮效率的措施之一，提高玉米氮效率是实现农业高产高效的重要措施。本课题组于 2016 年和 2017 年进行的 20 个玉米品种对比试验结果表明，先玉688 属于氮高效品种，极峰 2 号属于氮低效品种。本研究旨在以上述不同氮高效品种玉米品种为材料，研究不同氮效率玉米品种在品种和氮肥种类方式下，植株干物质积累、氮素积累与转运差异，明确品种和氮肥种类调控玉米产量形成和植株氮效率的生理机制。

2.1 材料与方法

2.1.1 试验地点

试验于 2019 和 2020 年在辛集市马庄河北农业大学试验站（37°54′N，115°12′E）进行。试验地耕层 0～20 cm，土层基础地力见表 2-1，玉米生育期内，降水和气温情况见表 2-2。

表 2-1 2019—2020 年试验地 0～20 cm 土层的土壤基础地力

年份	有机质（g/kg）	全氮（g/kg）	碱解氮（mg/kg）	速效磷（mg/kg）	速效钾（mg/kg）
2019	18.21	1.15	85.27	44.38	186.37
2020	17.45	1.12	80.48	40.24	172.48

表 2-2　2019—2020 年玉米生育期内降水和气温情况

年份	降水（mm）	积温（GDD）=（$T_{max}+T_{min}$）/2-T_{base}	平均气温（℃）
2019	262.4	1 858.00	26.57
2020	380.4	1 729.60	25.40

2.1.2　试验材料

供试品种为先玉 688（XY688）和极峰 2 号（JF2）。所在课题组于 2016 和 2017 年进行的 20 个玉米品种对比试验结果表明。上述供试玉米品种先玉 688 属于氮高效品种，极峰 2 号属于氮低效品种。本研究旨在以上述不同氮高效品种玉米品种为材料，用于夏玉米品种对不同氮素种类的响应特征研究。

2.1.3　试验设计

试验采用裂区设计，玉米品种为主区，施氮种类处理为副区。施氮处理包括不同施氮种类和施用方法，共 4 个处理，包括：不施氮（CK）、农民习惯施氮（FP，240 kg N/hm²）、推荐施氮（OPT，180 kg N/hm²）和聚天门冬氨酸螯合氮肥（PASPN，180 kg N/hm²）。其中，聚天门冬氨酸螯合氮肥（金钛能）由湖北三宁化肥有限公司生产，该肥料中 N：P_2O_5：K_2O=22：9：9。农民习惯施氮和推荐施氮处理的氮源为常规尿素，其含氮 46%。各处理的磷、钾肥用量相同，分别为 90 kg P_2O_5/hm² 和 90 kg K_2O/hm²，所有氮肥和磷钾肥料均在玉米播种随播种机一次性基施到土壤。各处理设 3 次重复，小区 6 行，行长 20 m，行距 0.60 m，小区面积为 72 m²。玉米留苗密度为 67 500 株/hm²。田间除草、植保等管理措施同于当地高产大田。

2.1.4　测定项目及方法

（1）干物重及全氮含量的测定

在拔节期、大喇叭口期、吐丝期、乳熟期和完熟期，每小区选取生长均一有代表性的植株 5 株。在拔节期、大喇叭口期和吐丝期将植株分成为叶片和茎秆（叶鞘）。在乳熟期和完熟期将植株分成为叶片、茎秆（叶鞘）、苞叶、穗轴和籽粒 5 部分，105℃杀青 30 分钟后，于 70℃烘干至恒重。用电子天平称量其干重后，将样品粉碎成粉末，采用浓 H_2SO_4-H_2O_2 对植株各器官进行消煮，用连续流动分析仪 AA3 测定全氮含量。

（2）测产及考种

完熟期，在每个小区收获未取样的 4 行（10m×4 行）进行测产，从中选取 20 穗平均穗进行考种，按照 14%含水量折算籽粒产量。

（3）相关指标计算

花后植株干物重（g/plant）＝完熟期植株干物重－开花期植株干物重；

植株氮素积累量（g/plant）＝植株含氮量（%）×植株干物重；

营养器官氮素转运量（g/plant）＝（开花期叶片氮素积累量+茎秆氮素积累量）－（完熟期叶片氮素积累量+茎秆氮素积累量）；

营养器官氮素转运效率（%）＝营养器官氮素转运量/（开花期叶片氮含量+茎秆氮含量)×100；

花后氮素同化量（g/plant）＝完熟期植株氮素积累量－吐丝前植株氮素积累量

氮素吸收效率（kg/kg）＝完熟期植株氮素积累量/施氮量

氮素利用效率（kg/kg）＝籽粒产量/完熟期地上部植株氮素积累量

氮肥偏生产力（kg/kg）＝施氮区籽粒产量/施氮量

氮收获指数（NHI，%）＝籽粒吸氮量/完熟期地上部植株氮素积累量

2.1.5　数据分析

采用 Microsoft Excel 2007 对数据进行处理，采用 SPSS 19.0 统计软件进行方差分析和多重比较，（LSD）at $P<0.05$。利用 Sigmaplot 10.0 软件作图。

2.2　结果与分析

2.2.1　品种和氮肥种类对玉米植株干物质积累与分配特征的影响

（1）植株干物质积累动态

从图 2-1 可知，各处理下供试玉米品种植株干物质积累量随生育进程增加呈"S"形曲线变化。表现为从拔节期至开花期植株干物质积累量呈缓慢增加趋势，从开花期开始，植株干物质积累量快速增加，乳熟期至完熟期，增加变慢，成熟期达到峰值。不同处理相比，开花期，以常规尿素（FP）处理的单株干物质积累量最高，显著高于 CK（$P<0.05$），但该处理与 OPT 和 PASPN 处理无显著差异（$P>0.05$）。完熟期，供试玉米品种也以

常规尿素 FP 处理的单株干物质积累量最高，与施 OPT 和 PASPN 处理无显著差异，但上述处理显著高于 CK 处理（$P<0.05$）。不同品种相比，各处理下单株干物质积累量差异显著（$P<0.05$），表现为 XY688 显著高于 JF2（$P<0.05$），平均增幅为 4.4%。上述结果表明，PASPN 处理对供试玉米品种的单株干物质积累与常规施肥处理相比无显著促进效应。分析植株花前和花后干物质积累量可知，供试品种花前平均干物质积累量无显著差异，但花后平均植株干物质积累量差异显著，表现为 XY688 显著高于 JF2，平均增幅为 5.78%。这说明，XY688 和 JF2 完熟期干物质积累量的增多，主要与前者于植株花后的干物质生产能力增强有关。

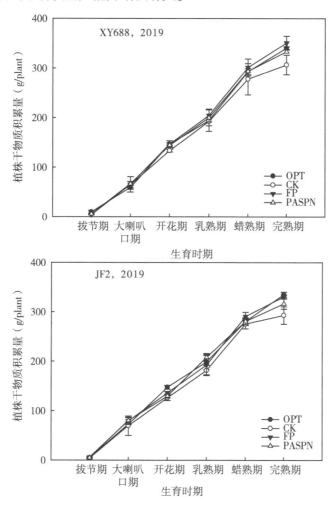

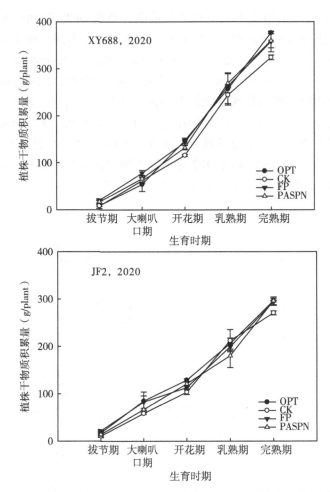

图 2-1 品种和氮肥种类处理对玉米干物质积累动态变化的影响

（2）开花期和完熟期植株各器官干物质分配特征

对不同氮素处理下供试玉米品种植株各器官干物质分配特性研究表明，开花期植株干物质积累量以茎秆所占比例最大，约占植株总干物重的 70%。其中，XY688 植株茎秆干物质积累量显著高于 JF2（$P < 0.05$），而品种间植株叶片干物质积累量差异不显著。PASPN 处理下，两供试玉米品种植株茎秆干物质积累量显著高于其他处理。与开花期相比，完熟期植株茎秆和叶片干物质积累量显著降低，但与施氮处理对生育后期茎秆和叶片的干物质积累量调控效应相比，品种间上述差异相对较小（表 2-3）。不同品种和氮处理间开花

表2-3 品种和氮肥种类处理对玉米植株干物质积累与分配的影响

年份	品种	处理	开花期 (g/plant)			完熟期 (g/plant)						花后 (g/plant)
			叶片	茎秆	总和	叶片	茎秆	苞叶	穗轴	籽粒	总和	
2019	XY688	PASPN	41.47a	105.17a	146.63a	34.00a	75.55b	16.64a	31.37a	182.82a	340.38a	193.75b
		CK	42.63a	90.72b	133.35b	32.18a	81.81a	11.96b	33.45a	147.19c	306.59c	173.24c
		FT	43.58a	103.32a	146.90a	34.85a	84.75a	12.52b	29.38b	189.25a	350.74a	203.84a
		OPT	44.32a	99.98b	144.30a	35.35a	82.80a	12.61b	27.05b	175.41b	333.21b	188.91b
	JF2	PASPN	39.76a	107.72a	147.48a	30.83a	75.55a	16.30b	31.60a	180.81a	335.09a	187.61b
		CK	35.24b	91.07c	126.31c	26.90b	69.84b	22.38a	32.15a	141.95c	293.21c	166.91c
		FT	39.85a	96.39b	136.24b	31.36a	77.27a	17.57b	26.60b	177.85a	330.64a	194.41a
		OPT	37.86a	92.05c	129.91c	31.12a	77.24a	16.76b	26.90b	164.63b	316.64b	186.73b
2020	XY688	PASPN	46.39a	100.81a	147.21a	30.54a	84.66a	27.18a	35.13a	208.16a	385.66a	238.46a
		CK	33.48c	82.38c	115.85c	25.43b	76.89b	17.58b	35.85a	173.98c	329.74c	213.88b
		FT	44.79a	98.68a	143.47a	30.13a	84.88a	15.46b	28.63b	198.87a	357.96b	214.49b
		OPT	40.91b	91.33b	132.24b	30.83a	81.25a	14.12b	26.15b	189.97b	342.32b	211.81b
	JF2	PASPN	42.64a	86.11a	128.75a	29.42a	73.31a	15.70a	22.19a	162.58a	303.20a	174.46b
		CK	33.23b	70.22c	103.45c	25.24b	63.16b	13.27b	20.61b	151.86b	274.15c	170.69b
		FT	42.44a	78.70b	121.14a	27.86a	65.15b	15.66a	18.71b	162.12a	289.49b	168.30b
		OPT	34.40b	78.67b	113.07b	31.94a	72.06a	16.28a	22.53a	162.27a	305.07a	192.00a

（续表）

变异来源 处理 品种 年份	开花期（g/plant）			完熟期（g/plant）						花后（g/plant）
	叶片	茎秆	总和	叶片	茎秆	苞叶	穗轴	籽粒	总和	
年份 Year（Y）	*	*	*	*	*	ns	*	*	*	*
品种（C）	**	**	*	**	ns	*	*	**	**	**
施肥种类 Nitrogen types（N）	*	*	**	*	ns	*	*	**	**	**
年份×品种（Y×C）	*	*	ns	ns	*	ns	*	*	*	*
年份×施肥种类（Y×N）	ns	ns	ns	ns	ns	ns	ns	ns	ns	ns
品种×施肥种类（C×N）	ns	ns	ns	ns	ns	ns	ns	ns	ns	ns
年份×品种×施肥种类（Y×C×N）	ns	ns	ns	ns	ns	ns	ns	ns	ns	ns

注：同列数据后不同小写字母表示品种间差异达 0.05 显著水平；** ，$p < 0.01$；* ，$p < 0.05$；ns，0.05 水平不显著。

期和成熟期植株苞叶和穗轴干质量差异不显著（$P>0.05$）。完熟期，植株干物质主要集中在籽粒，在 FP、OPT 和 PASPN 处理下，XY688 的籽粒比重分别为 53.89%、52.64% 和 53.91%；JF2 的籽粒比重分别为 53.76%、51.97% 和 53.93%；上述结果表明，PASPN 处理对干物质在生育后期植株各器官分配特性产生较大影响。该处理下，供试氮效率玉米品种 XY688 和 JF2 完熟期植株叶片和茎秆干物质分配比例相对较低，而在籽粒中的分配比例增加，对籽粒产量增加具有促进效果。

2.2.2 品种和氮肥种类对玉米植株氮素积累与分配特征的影响

（1）植株氮素积累动态

从图 2-2 可知，玉米氮素积累量随生育进程呈"S"形曲线变化，表现为从拔节期至开花期，各氮素处理下供试品种植株氮素积累量呈缓慢增加趋势，从开花期开始，植株氮素积累量快速增加，在完熟期达到最大值。不同处理相比，2019 年，开花期以 FP 处理单株氮素积累量最高，该处理显著高于 CK，但与 OPT 和 PASPN 处理差异不显著。完熟期，各处理中单株氮素积累量也以 FP 处理最高，且显著高于 OPT 和 PASPN 处理。2020 年，开花期以 PASPN 处理的单株氮素积累量最高，且该处理除显著高于 CK 外，也显著高于 OPT 和 FP 处理。完熟期，各处理单株氮素积累量表现特征与开花期相似。上述结果表明，PASPN 处理具有显著增加供试玉米品种植株氮素吸收和积累效应。

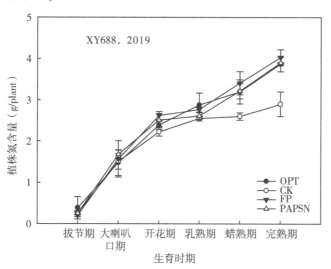

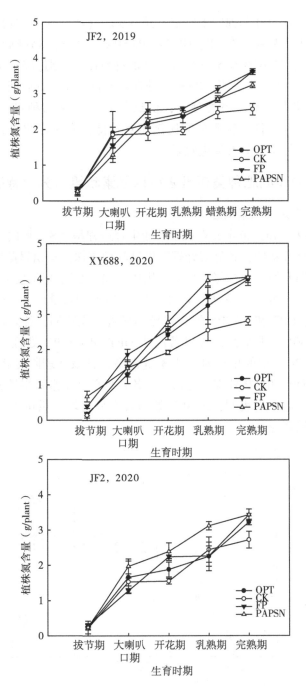

图 2-2 品种和氮肥种类处理对玉米植株氮素积累变化动态的影响

　　（2）植株花前与花后氮素积累与分配特征

　　开花期至完熟期，各氮素处理下 XY688 单株氮素积累量显著高于 JF2。2019 年度，XY688 植株生育后期单株氮素积累量分别比 JF2 增加 10.27% 和 12.80%。2020 年度，该玉米品种植株生育后期单株氮素积累量分别比 JF2 增加 30.33% 和 18.33%。对花前与花后平均氮素积累量分析可知，2019 年度供试玉米品种间花前平均氮素积累量无显著差异，但花后植株平均氮素积累量差异显著。而 2020 年度供试品种间的花前和花后植株平均氮素积累量均具有显著差异。2019 年度和 2020 年度，XY688 花后植株平均氮素积累量分别比 JF2 增加 18.16% 和 33.39%。上述结果表明，与氮低效品种 JF2 相比，氮高效品种 XY688 植株在花后具有较强的氮素吸收能力。

　　2020 年度，PASPN 处理在开花期和完熟期供试品种的单株氮素积累量具有较高数值。该处理从开花期和完熟期植株各器官的氮素分配表现为叶片和茎秆分配比例降低。开花期，PASPN 处理下 XY688 和 JF2 叶片氮素分配比例分别为 35.94% 和 38.61%，茎秆氮素分配占比分别为 64.06%、61.39%；而 FP 处理下 XY688 和 JF2 叶片氮素分配比例分别为 38.24% 和 33.63%，茎秆氮素分配占比分别为 61.76%、66.37%；OPT 处理下 XY688 和 JF2 叶片氮素分配比例分别为 30.49% 和 40.90%，茎秆氮素分配占比分别为 69.51%、59.10%。表明各处理相比以 OPT 处理降低成熟期植株叶片和茎秆氮素分配比例的效果最为明显。

　　研究表明，完熟期植株氮素主要集中在籽粒（表 2-4）。2019 年，PASPN 处理下 XY688 和 JF2 籽粒氮素分配占比（氮素收获指数）分别为 78.05% 和 78.20%，FP 处理下 XY688 和 JF2 籽粒氮素分配占比分别为 73.57% 和 73.33%，OPT 处理下 XY688 和 JF2 籽粒氮素分配占比分别为 72.27% 和 71.12%。2020 年，PASPN 处理下 XY688 和 JF2 籽粒氮素分配占比分别为 77.48% 和 75.51%，FP 处理下 XY688 和 JF2 籽粒氮素分配占比分别为 75.16% 和 75.20%，OPT 处理下 XY688 和 JF2 籽粒氮素分配占比分别为 74.08% 和 74.20%。结果表明，PASPN 处理对生育后期植株氮素在各器官的分配协调性具有改善效果，该处理下供试玉米品种完熟期植株叶片和茎秆氮素分配比例降低，籽粒氮素分配比例增加。说明 PASPN 处理对于增加玉米氮素收获指数具有正向调控作用。

表2-4 品种和氮肥种类处理对玉米氮素积累与分配特性的影响

年份	品种	处理	开花期 (g/plant)			完熟期 (g/plant)						花后同化量 (g/plant)
			叶片	茎秆	总和	叶片	茎秆	苞叶	穗轴	籽粒	总和	
2019	XY688	PASPN	0.78c	1.62b	2.39b	0.40b	0.40b	0.01a	0.04a	3.01a	3.87a	1.47a
		CK	0.88b	1.34c	2.22b	0.32c	0.48a	0.02a	0.05a	2.03c	2.90c	0.67b
		FT	0.96a	1.66b	2.62a	0.43b	0.52a	0.04a	0.08a	2.97a	4.03a	1.41a
		OPT	0.76c	1.75a	2.51a	0.53a	0.41b	0.08a	0.07a	2.82b	3.90a	1.39a
	JF2	PASPN	0.68b	1.48b	2.16b	0.28c	0.47a	0.03a	0.01a	2.83a	3.61a	1.45a
		CK	0.62c	1.26c	1.88c	0.36b	0.40b	0.02a	0.01a	1.77c	2.56b	0.68c
		FT	0.72a	1.83a	2.54a	0.41b	0.41b	0.07a	0.08a	2.65b	3.61a	1.07b
		OPT	0.69b	1.78a	2.47a	0.50a	0.46a	0.05a	0.10a	2.41b	3.52a	1.06b
2020	XY688	PASPN	0.87c	1.55a	2.42b	0.37b	0.45b	0.01a	0.05a	3.43a	4.31a	1.89a
		CK	0.69c	1.22c	1.92c	0.29c	0.33c	0.04a	0.05a	2.10c	3.27c	1.35c
		FT	0.98b	1.59a	2.57a	0.36b	0.52a	0.04a	0.08a	3.04b	3.98b	1.56b
		OPT	1.01a	1.46b	2.47b	0.48a	0.40b	0.07a	0.08a	2.93b	3.96b	1.47b
	JF2	PASPN	0.73a	1.15c	1.88b	0.26b	0.45a	0.03a	0.01a	2.44b	3.22b	1.35a
		CK	0.59b	0.97c	1.55c	0.34a	0.40b	0.03a	0.03a	1.93b	2.72c	1.17b
		FT	0.75a	1.48a	2.24a	0.36a	0.37b	0.06a	0.07a	2.58a	3.43a	1.19b
		OPT	0.60b	1.37b	1.97b	0.30b	0.38b	0.07a	0.05a	2.32a	3.12b	1.15b

（续表）

变异来源	开花期（g/plant）			完熟期（g/plant）						花后同化量（g/plant）
	叶片	茎秆	总和	叶片	茎秆	苞叶	穗轴	籽粒	总和	
年份 Year（Y）	ns	ns	ns	ns	ns	ns	ns	ns	ns	ns
品种（C）	*	*	*	*	ns	ns	ns	**	**	**
施肥种类 Nitrogen types（N）	*	*	**	*	*	ns	*	**	**	**
年份×品种（Y×C）	ns	ns	ns	ns	ns	ns	*	*	*	*
年份×施肥种类（Y×N）	ns	ns	ns	ns	ns	ns	ns	ns	ns	ns
品种×施肥种类（C×N）	ns	ns	ns	ns	ns	ns	ns	ns	ns	ns
年份×品种×施肥种类（Y×C×N）	ns	ns	ns	ns	ns	ns	ns	ns	ns	ns

注：同列数据后不同小写字母表示品种间差异达 0.05 显著水平；**，$p < 0.01$；*，$p < 0.05$；ns，0.05 水平不显著。

（3）品种和氮肥种类对玉米植株氮素转运及转运效率的影响

PASPN 处理下，玉米品种 XY688 叶片氮素转运量及氮素转运效率低于 FP 和 OPT 处理；而该处理下玉米品种 JF2 生育后期植株的叶片氮素转运量及氮素转运效率则表现为高于 FP 和 OPT 处理（表 2-5）。在 PASPN 处理下，XY688 叶片氮素转运量和转运效率较低，XY688 茎秆氮素转运量和转运效率较高，而 JF2 的叶片氮素转运量和转运效率较高，茎秆氮素转运量和转运效率较低。说明 PASPN 处理能有效调控 XY688 花前叶片和茎秆积累的氮素向籽粒或其他部位进行合理转运。

表 2-5　品种和氮肥种类处理对玉米氮素转运量及转运效率的影响

年份	品种	处理	氮素转运量（g/plant）			氮素转运效率（%）		
			叶片	茎秆	总和	叶片	茎秆	总和
2019	XY688	PASPN	0.37b	1.22a	1.59b	47.85b	75.14a	66.34a
		CK	0.56a	0.87c	1.42b	62.86a	64.49b	63.98a
		FT	0.53a	1.14b	1.67a	55.00b	68.79b	63.75a
		OPT	0.23b	1.34a	1.57b	29.65c	76.45a	62.37a
	JF2	PASPN	0.40a	1.01b	1.41b	58.57a	67.51b	65.19a
		CK	0.26c	0.86c	1.12c	42.16b	67.81b	59.11b
		FT	0.31b	1.41a	1.72a	43.54b	67.47a	62.91a
		OPT	0.25c	1.23b	1.48b	39.19b	64.99a	60.97a
2020	XY688	PASPN	0.50b	1.10a	1.60a	57.58a	70.76a	65.85a
		CK	0.44c	0.77b	1.21c	62.58b	62.70b	62.91a
		FT	0.62a	1.06a	1.69a	63.44a	66.97b	65.63a
		OPT	0.53b	1.06a	1.59b	50.73b	72.83a	64.26a
	JF2	PASPN	0.47a	0.70b	1.17b	64.19a	60.18b	61.96ab
		CK	0.25b	0.59c	0.84c	42.56c	61.19b	54.13c
		FT	0.39a	1.14a	1.53a	52.27b	66.76a	58.51a
		OPT	0.30b	1.03a	1.33b	48.90b	64.17a	56.86a
变异来源								
年份 Year（Y）			*	*	*	*	*	ns
品种（C）			ns	*	*	*	*	*
施肥种类 Nitrogen types（N）			*	*	**	*	*	ns
年份×品种（Y×C）			ns	*	*	*	*	ns
年份×施肥种类（Y×N）			ns	ns	ns	ns	ns	ns

年份	品种	处理	氮素转运量（g/plant）			氮素转运效率（%）		
			叶片	茎秆	总和	叶片	茎秆	总和
品种×施肥种类（C×N）			ns	ns	ns	ns	ns	ns
年份×品种×施肥种类（Y×C×N）			ns	ns	ns	ns	ns	ns

注：同列数据后不同小写字母表示品种间差异达 0.05 显著水平；**，$p < 0.01$；*，$p < 0.05$；ns，0.05 水平不显著。

2.2.3　品种和氮肥种类对玉米产量及产量构成的影响

对不同氮素处理供试玉米品种较籽粒产量分析表明，各氮素处理下 XY688 的籽粒产量显著高于 JF2。2019 和 2020 年度，XY688 籽粒产量分别比 JF2 增加 6.92% 和 18.27%（表 2-6）。不同氮素处理供试玉米品种产量表现为，与 FT 和 OPT 处理相比，PASPN 处理下两品种的籽粒产量均显著增加。与 FT 处理相比，2019 年度，XY688 和 JF2PASPN 处理下籽粒产量分别增加 9.26% 和 4.59%；2020 年度，XY688 和 JF2 籽粒产量分别增加 13.16% 和 0.52%；与 OPT 处理相比，2019 年度，XY688 和 JF2 PASPN 处理下籽粒产量分别增加 10.33% 和 6.20%。表明 PASPN 处理可显著增加玉米籽粒产量。对玉米产量构成要素分析表明，不同氮素处理及品种间百粒重差异未达到显著水平；但品种间和氮处理间穗粒数差异显著。以 XY688 的穗粒数显著高于 JF2。其中，2019 年度和 2020 年度 XY688 的穗粒数分别比 JF2 增加 9.23% 和 20.37%。与 FT 和 OPT 处理相比，PASPN 处理下供试玉米品种的穗粒数均显著增加。表明品种间和各氮素处理间产量的差异，主要是由于穗粒数的差异所致。

表 2-6　品种和氮肥种类处理对玉米产量及产量构成因素的影响

年份	品种	处理	产量（kg/hm²）	有效穗数（ear/hm²）	穗粒数	百粒重（g）
2019	XY688	PASPN	10 332.1a	56 111.4a	525.8a	35.0a
		CK	8679.5c	51 389.1a	464.1a	36.4a
		FT	9 456.3b	50 833.6a	482.9c	38.6a
		OPT	9 364.8b	52 222.5a	511.0ab	35.2a
	JF2	PASPN	9 305.2a	51 944.7a	454.4a	39.5a
		CK	8 453.2c	50 833.6a	455.2a	36.6a
		FT	8 896.6b	50 278.0a	458.6a	38.6a
		OPT	8 727.5b	51 666.9a	446.4ab	37.8a

（续表）

年份	品种	处理	产量（kg/hm²）	有效穗数（ear/hm²）	穗粒数	百粒重（g）
2020	XY688	PASPN	12 627.2a	59 715.0a	569.0a	37.2a
		CK	8 549.4d	51 389.1a	481.4d	34.6a
		FT	11 159.0ab	54 471.7a	523.7ab	39.2a
		OPT	9 470.7c	52 126.7a	492.8c	36.9a
	JF2	PASPN	9 458.7a	56 748.3a	438.9a	38.0a
		CK	8 003.8c	50 833.6a	420.2b	37.5a
		FT	9 409.5a	56 415.8a	441.4a	37.8a
		OPT	8 475.7b	55 462.5a	416.6c	36.7a
变异来源						
年份 Year（Y）			ns	*	ns	ns
品种（C）			**	**	**	**
施肥种类 Nitrogen types（N）			**	**	**	**
年份×品种（Y×C）			*	*	*	ns
年份×施肥种类（Y×N）			ns	ns	ns	ns
品种×施肥种类（C×N）			ns	ns	ns	ns
年份×品种×施肥种类（Y×C×N）			ns	ns	ns	ns

注：同列数据后不同小写字母表示品种间差异达 0.05 显著水平；**，$p < 0.01$；*，$p < 0.05$；ns，0.05 水平不显著。

2.2.4 品种和氮肥种类对玉米氮素利用效率的影响

对不同氮素处理供试玉米品种的氮素吸收和利用效率研究表明，所有氮素处理下，氮高效品种 XY688 的氮素吸收效率均高于氮低效品种 JF2，两个试验年度变化趋势一致。与 OPT 处理相比，PASPN 处理下两个品种的氮素吸收效率和氮素利用效率均显著提高（表2-7）。2019 年度，XY688 的氮素利用效率提高 10.43%，而 JF2 的氮素利用效率降低 4.11%；2020 年度，XY688 和 JF2 的氮素利用效率分别增加 6.98% 和 3.56%。植株氮肥偏生产力和从氮素收获指数表现为，XY688 氮肥偏生产力和氮素收获指数也均显著高于 JF2，与前者较高的氮素利用率表现一致。PASPN 处理显著增加了 XY688 和 JF2 氮肥偏生产力和氮素收获指数。上述结果表明，XY688 在氮素吸收和利用效率上较 JF2 具有显著优势。

表 2-7　品种和氮肥种类处理对玉米氮素吸收和利用效率的影响

年份	品种	处理	氮素吸收效率（kg/kg）	氮素利用效率（kg/kg）	氮肥偏生产力（kg/kg）	氮素收获指数（%）
2019	XY688	PASPN	0.36a	46.99a	51.90a	78.0a
		CK	0.24c	40.50c		70.1c
		FT	0.32b	45.60a	52.86a	73.6b
		OPT	0.32b	42.09b	48.22b	72.3b
	JF2	PASPN	0.32a	44.59a	50.32a	77.3a
		CK	0.21c	40.07c		69.3c
		FT	0.28b	44.11a	51.15a	73.3b
		OPT	0.27b	42.76b	47.16b	71.7b
2020	XY688	PASPN	0.33a	53.13a	55.15a	77.5a
		CK	0.23c	46.37c		71.0c
		FT	0.27b	51.03a	49.60a	75.2b
		OPT	0.28b	49.42b	46.62b	74.1b
	JF2	PASPN	0.29a	49.02a	51.02a	75.5a
		CK	0.21c	42.59c		70.8c
		FT	0.25b	48.98a	48.82a	75.2a
		OPT	0.26b	47.27b	41.09b	74.2ab
变异来源						
年份 Year（Y）			ns	*	*	ns
品种（C）			*	*	*	*
施肥种类 Nitrogen types（N）			*	*	**	**
年份×品种（Y×C）			ns	ns	ns	ns
年份×施肥种类（Y×N）			ns	ns	ns	ns
品种×施肥种类（C×N）			ns	ns	ns	ns
年份×品种×施肥种类（Y×C×N）			ns	ns	ns	ns

注：同列数据后不同小写字母表示品种间差异达 0.05 显著水平；**，$p < 0.01$；*，$p < 0.05$；ns，0.05 水平不显著。

2.3 讨论

不同氮肥类型对玉米产量及成熟期植株氮肥利用率具有显著影响。与施用常规速效型化学氮肥相比，控释氮肥具有显著增产效果，因此，施用控释氮肥不仅有利于夏玉米稳产、高产，而且具有减少氮肥损失、提高氮肥利用率的效果[101-103]。岳克以玉米品种先玉335为供试材料，研究了不同种类氮肥对玉米产量及氮素吸收利用的影响。结果表明，通过改善生育后期源库器官生理功能，控释尿素处理玉米植株穗粒建成和发育得到改善，具有显著增产效果。其中以施氮量250 kg/hm²时获得产量最高，与常规尿素对照相比，该控释尿素处理产量增加33.5%。此外，植株生育后期地上部氮累积量和氮肥利用率也明显提高。尹梅等对云南旱地玉米研究结果表明，相同适施氮量下，控释氮肥的玉米产量比常规尿素玉米产量性状得到明显改善，增产幅度为4.7%~16.3%。云鹏等研究了减量施氮对玉米生产效果的影响，表明与习惯施氮（240 kg/hm²）相比，在氮肥施用量减少40%的条件下，控释氮肥仍可维持较高的产量形成能力。尹彩侠等对吉林省春玉米研究结果表明，与常规速效氮肥相比，减施控释氮肥25%（180 kg/hm²）处理通过有效增强植株氮素转运效率，提高氮肥利用率。维持稳定植株产量形成能力。赵斌等研究结果表明，控释肥减量25%处理下，玉米产量较常规施肥增产9.7%~10.0%，植株成熟期氮肥利用率和农学利用率也显著提高。本研究表明，与常规施尿素（240 kg/hm²）和减施缓释尿素处理（180 kg N/hm²）相比，聚天门冬氨酸螯合氮肥（PASP-N）处理（180 kg/hm²）显著改善不同氮效率玉米品种尤其是氮高效品种XY688的籽粒产量（增产幅度10.33%~13.16%）。表明施用适宜控释氮素肥料是改善河北平原区夏玉米生产力的有效措施。

PASP是以多肽为主要成分的优良化工原料，前人在水稻中应用也取得显著改善单位面积穗数、穗粒数以及千粒重，进而增加产量的良好效果。聚天门冬氨酸作为肥料增效剂被逐渐应用到其他作物生产中。该种控释肥料添加剂通过有效富集土壤中N、P、K及微量元素，促进植物更有效地利用肥料和土壤中养分。研究表明，PASP与氮肥配用有利于玉米的生长发育性状的改善和产量的提高[104]。本研究表明，聚天门冬氨酸螯合氮肥（PASP-N）处理显著提高XY688籽粒产量，增产幅度在10.33%~13.16%。此外，聚天门冬氨酸螯合氮肥（PASP-N）处理还增加了XY688植株氮素吸收效率和氮素利用效率。聚天门冬氨酸螯合氮肥（PASP-N）处理增产的原因，可能是由于聚天门冬氨酸可富集尿素中的 N、P、K 及微量元素，使肥料中氮素释放缓慢平稳，能够维持整个玉米生育期均有较高水平的氮素供应，克服常规尿素处理下植株到生育后期易发生的脱肥现象，进而改善植株生育后期氮素吸收、植株光合物质生产和产量形成能力。综上，聚天门冬氨酸螯合氮肥（PASP-N）结合氮素用量 180 kg/hm² 时，具有减少氮素用量实现玉米稳产甚至增产效果。

2.4 小结

（1）不同氮素处理下，氮高效玉米品种 XY688 的籽粒产量显著高于氮低效玉米品种 JF2，穗粒数形成能力增强是前者增产的主要因素。XY688 在氮素吸收和利用效率上较 JF2 具有明显优势。

（2）与 JF2 相比，XY688 生育后期植株具有较高的营养器官氮素转运量和转运效率，花后植株干物质累积数量增加，成熟期植株干物重提高，具有较高的植株氮素利用效率和籽粒产量。

（3）减氮处理下，施用 PASPN 能够保障玉米生育期对养分需求，提高成熟期植株氮素利用效率，增加地上部干物质积累量与氮素累积量，有助于实现玉米高产和氮素利用效率的协同提高。

3 品种和氮肥种类对夏玉米植株氮代谢特征的影响

在明确品种和氮肥种类对夏玉米植株产量形成、干物质积累、氮素积累与转运和植株氮效率的基础上，明确品种和氮肥种类调控玉米植株氮代谢特征生理机制具有重要意义。本课题组于 2016 和 2017 年进行的 20 个玉米品种对比试验结果表明，先玉 688 属于氮高效品种，极峰 2 号属于氮低效品种。本研究旨在以上述不同氮高效品种玉米品种为材料，研究不同氮效率玉米品种在品种和氮肥种类方式下，叶面积、光合速率、氮代谢酶活性、内源激素含量等生理参数的差异，明确品种和氮肥种类调控夏玉米植株氮代谢特征的生理机制。

3.1 材料与方法

3.1.1 试验材料

试验于 2020 年进行田间试验，供试品种为先玉 688（XY688）和极峰 2 号（JF2）。

3.1.2 试验设计

试验采用裂区设计，玉米品种为主区，施氮种类处理为副区。施氮处理包括不同施氮种类和施用方法，共 4 种处理，包括：不施氮（CK）、农民习惯施氮（FP，240 kg N/hm²）、推荐施氮（OPT，180 kg N/hm²）和聚天门冬氨酸螯合氮肥（PASPN，180 kg N/hm²）。其中，聚天门冬氨酸螯合氮肥（金钛能）由湖北三宁化肥有限公司生产，该肥料中 N：P_2O_5：K_2O = 22：9：9。农民习惯施氮和推荐施氮处理的氮源为常规尿素，其含 N 46%。各处理的磷、钾肥用量相同，分别为 90 kg P_2O_5/hm² 和 90 kg K_2O/hm²，所有氮肥和磷钾肥料均在玉米播种随播种机一次性基施到土壤。各处理设 3 次重复，小区 6 行，行长 20 m，行距 0.60 m，小区面积为 72 m²。玉米留苗密度为 67 500 株/hm²。田间除草、植保等管理措施同于当地高产大田。

3.1.3 测定项目及方法

（1）叶面积指数的测定

标定好 3 株具代表性植株，分别于拔节期、大喇叭口期、开花期、乳熟期和完熟期测量叶片长、宽，单叶叶面积＝长×宽×系数（未展开叶片系数为 0.5，展开叶片系数为 0.75），叶面积指数（LAI）＝单株叶面积×单位土地面积内株数/单位土地面积。

（2）叶片光合速率的测定

在吐丝期和乳熟期，各氮素处理下供试玉米品种分别选取代表性植株 5 株，使用美国汉莎 CIRAS-3 便携式光合测定系统进行代表性穗位叶光合速率测定。测定于 9:00—12:00 时进行，采用人工光源，光照强度控制为 1 600 μmol m²/s，各氮素处理和供试品种重复 3 次。

（3）叶片全氮含量的测定

将各氮素处理供试玉米品种拔节期、大喇叭口期、吐丝期、乳熟期和完熟期植株样本烘干称重后，采用粉碎机将样品粉碎成粉末，过筛后浓 H_2SO_4-H_2O_2 消煮，采用连续流动分析仪 AA3 测定全氮含量。具体测定方法参照仪器使用说明书进行。

（4）叶片氮代谢酶活性的测定

在各生育时期，选取不同氮素处理供试玉米品种上位展开叶片，测定植株氮代谢相关酶活性。每个处理取样 5 株玉米植株的叶片，采用苏州绘真医学检验所有限公司生产的测硝酸还原酶活性（NR）、谷氨酰胺合成酶活性（GS）、谷氨酸合成酶活性（GOGAT）和谷氨酸脱氢酶活性（GDH）测定试剂盒，按照使用说明测定。

（5）叶片内源激素含量的测定

采用苏州绘真医学检验所有限公司生产的生长素、赤霉素、脱落酸和玉米素试剂盒，按照使用说明，测定不同氮素处理下供试玉米品种上位展开叶片生长素、赤霉素、脱落酸和玉米素含量。包括样本前处理、叶片中蛋白提取及含量测定和激素测定三个步骤。以空白孔调零，450 nm 波长依序测量各孔的吸光度（OD 值）。测定应在加终止液后 15 min 以内进行。

3.1.4　数据分析

采用 Microsoft Excel 2007 软件对数据进行处理，采用 SPSS 22.0 统计软件进行方差分析和多重比较等统计学分析。采用 Sigmaplot 10.0 软件作图。

3.2　结果与分析

3.2.1　品种和氮肥种类对玉米叶面积指数的影响

从图 3-1 可知，两个玉米品种（氮高效品种 XY688 和氮低效品种 JF2）植株生育期间叶面积指数（LAI）表现为从拔节期至吐丝期不断增加趋势，吐丝期达到最大值；从吐丝期开始随着生育进程 LAI 缓慢降低，完熟期降至最低。两品种相比，在各氮素处理下，各测定时期均以 XY688 的叶面积指数显著高于 JF2。吐丝期，各处理下 XY688 和 JF2 的平均叶面积指数分别为 5.28 和 4.30。完熟期，XY688 和 JF2 平均叶面积指数分别为 2.47 和 2.07。与吐丝期相比，XY688 和 JF2 完熟期各处理平均叶面积指数分别降低 48.10% 和 56.51%，以 XY688 降幅较小。

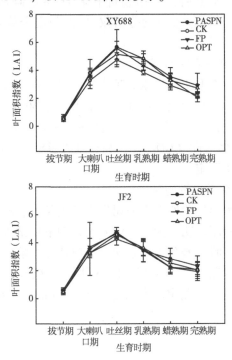

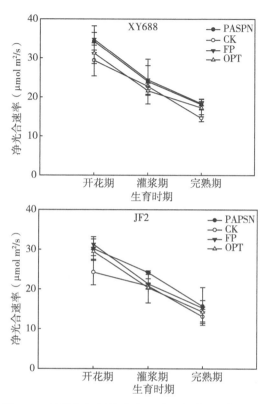

图 3-1　品种和氮肥种类处理对玉米叶面积指数和

光合速率的影响（2020 年）

与不同氮素处理相比，PASPN 处理下供试玉米品种的叶面积指数最大，高于 FP、OPT 和 CK。吐丝期，PASPN 处理下 XY688 和 JF2 叶面积指数分别为 5.67 和 4.72；完熟期上述玉米品种植株叶面积指数分别为 2.91 和 2.31；与吐丝期相比，PASPN 处理下完熟期 XY688 和 JF2 的叶面积指数分别降低 48.68% 和 51.05%。吐丝期，FP 处理下 XY688 和 JF2 的叶面积指数分别为 5.58 和 4.65；完熟期上述玉米品种分别为 2.04 和 1.91；与吐丝期相比，FP 处理下完熟期 XY688 和 JF2 的叶面积指数分别降低 63.42% 和 58.99%。吐丝期，OPT 处理下 XY688 和 JF2 叶面积指数分别为 5.15 和 4.56；完熟期上述玉米品种叶面积指数分别为 2.72 和 2.02；与吐丝期相比，OPT 处理下完熟期 XY688 和 JF2 的叶面积指数分别降低 47.23% 和 55.70%。结果表明，PASPN 处理显著提高玉米花后叶面积指数，且氮高效品种 XY688 花后叶面积指数下降幅度小于氮低效品种 JF2。表明 PASPN 处理能有效维持玉米在生育中后期较强叶片持绿能力。

3.2.2 品种和氮肥种类对玉米叶片光合速率的影响

从图 3-2 可知，两供试玉米品种光合速率在吐丝期达到最高值，之后开始下降，完熟期降至最低。两个品种相比，在各氮素处理和测定时期，均表现为 XY688 的光合速率显著高于 JF2。开花期，各处理下 XY688 和 JF2 平均叶片光合速率分别为 32.44 μmol CO_2 m^2/s 和 28.80 μmol CO_2 m^2/s；完熟期，各处理下上述品种平均叶片光合速率分别为 17.13 μmol CO_2 m^2/s 和 14.59 μmol CO_2 m^2/s。与开花相比，完熟期 XY688 和 JF2 各处理平均叶片光合速率分别降低 46.64% 和 49.34%。

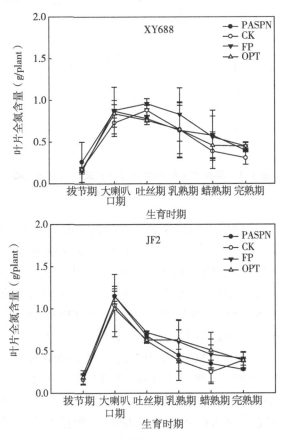

图 3-2 品种和氮肥种类处理对花后玉米叶片全氮含量的影响（2020 年）

与不同氮素处理相比，PASPN 处理下供试玉米品种的叶片光合速率最大，高于 FP、OPT 和 CK。其中，开花期，该处理下 XY688 和 JF2 叶片光合速率分别为 34.32 μmol CO_2 m^2/s 和 30.19 μmol CO_2 m^2/s；完熟期，该处理下 XY688 和 JF2 的叶片光合速率分别为 18.15 μmol CO_2 m^2/s 和 15.70 μmol CO_2 m^2/s。与开花期相比，完熟期 PASPN 处理下 XY688 和 JF2 叶片光合速率分别降低 47.11% 和 48%。开花期，FP 处理下 XY688 和 JF2 叶片光合速率分别为 34.81 μmol CO_2/s 和 31.27 μmol CO_2 m^2/s；完熟期，FP 处理下 XY688 和 JF2 叶片光合速率分别为 18.40 μmol CO_2 m^2/s 和 15.27 μmol CO_2 m^2/s；与开花期相比，FP 处理下完熟期 XY688 和 JF2 叶片光合速率分别降低 47.14% 和 51.18%。开花期，OPT 处理下 XY688 和 JF2 叶片光合速率分别为 31.25 μmol CO_2 m^2/s 和 29.50 μmol CO_2 m^2/s；完熟期，该 OPT 处理下 XY688 和 JF2 叶片光合速率分别为 17.30 μmol CO_2 m^2/s 和 14.30 μmol CO_2 m^2/s；与开花期相比，OPT 处理下完熟期 XY688 和 JF2 叶片光合速率分别降低 44.64% 和 51.53%。结果表明，PASPN 处理能有效提高玉米花后光合速率，且表现为氮高效品种 XY688 花后光合速率的下降幅度小于氮低效品种 JF2。因此，PASPN 处理通过增强玉米生育中后期较强光合碳同化能力，为花后光合物质生产奠定物质基础。

3.2.3 品种和氮肥种类对玉米叶片全氮含量的影响

从图 3-2 可知，从拔节期至大喇叭口期，不同氮素处理下供试玉米品种叶片全氮含量呈单峰曲线型变化，在大喇叭口期（XY688）或吐丝期达到最高值，以后随着生育进程不断下降，完熟期降至最低值。不同处理相比，吐丝期，各氮素处理中以 FP 处理叶片全氮含量最高，显著高于 CK，但与 OPT 和 PASPN 处理无显著差异；完熟期，仍以 FP 处理叶片全氮含量最高，且该处理显著高于 OPT 和 PASPN 处理。上述结果表明，PASPN 处理对玉米品种的叶片全氮含量的调控效应较小。从吐丝期至完熟期，与 JF2 相比，XY688 叶片全氮含量维持相对较高水平（图 3-2）。结果表明，在玉米灌浆阶段，尽管不同氮效率类型玉米品种叶片中花前积累的氮素均向库器官进行转移，但氮高效品种保持较高的全氮含量。

3.2.4 品种和氮肥种类对玉米叶片氮代谢酶活性的影响

从图 3-3 可知，在各氮素处理和测试时期，XY688 叶片 NR 活性均显著高于 JF2。随着生育进程增加，两品种叶片 NR 活性均呈增加趋势，其中，开花—花后 30 d 呈快速增加特征；花后 30~50 d，供试品种叶片 NR 活性增加趋于缓慢。开花期，FP 处理下两品种叶片 NR 活性分别为 0.28 U/g 和 0.25 U/g；OPT 处理下两品种的叶片 NR 活性分别为 0.21 U/g 和 0.18 U/g；PASPN 处理下两品种的叶片 NR 活性分别为 0.32 U/g 和 0.19 U/g。花后 30 d，FP 处理下两品种的叶片 NR 活性分别为 0.42 U/g 和 0.32 U/g；OPT 处理下两品种的叶片 NR 活性分别为 0.47U/g 和 0.39 U/g；PASPN 处理下两品种的叶片 NR 活性分别为 0.48 U/g 和 0.45 U/g。花后 50 d，FP 处理下两品种的叶片 NR 活性分别为 0.38 U/g 和 0.35 U/g；OPT 处理下两品种的叶片 NR 活性分别为 0.38 U/g 和 0.36 U/g；PASPN 处理下两品种的叶片 NR 活性分别为 0.43U/g 和 0.39U/g。不同氮肥处理相比，从开花—花后 30 d，PASPN 处理下两品种的叶片 NR 活性均低于其他处理；而花后 30~50 d，PASPN 处理下两供试品种的叶片 NR 活性则高于其他处理，且 XY688 的 NR 活性高于 JF2。

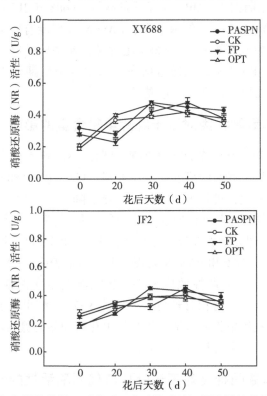

图 3-3　品种和氮肥种类处理对花后玉米叶片硝酸还原酶活性的影响（2020 年）

从图 3-4 可知，在各氮素处理和测定时期，XY688 叶片 GS 活性均显著高于 JF2。随着籽粒灌浆进程增加，开花期—花后 30 d 叶片的 GS 活性不断提高；花后 30~50 d，供试玉米品种叶片 GS 活性随着生育进程不断降低。开花期，FP 处理下 XY688 和 JF2 两品种的叶片 GS 活性分别为 1.37 U/g 和 1.27 U/g；OPT 处理下两品种的叶片 GS 活性分别为 1.46 U/g 和 1.56 U/g；PASPN 处理下两品种的叶片 GS 活性分别为 1.46 U/g 和 1.51 U/g。花后 30 d，FP 处理下两品种的叶片 GS 活性分别为 2.24 U/g 和 1.87 U/g；OPT 处理下两品种的叶片 NR 活性分别为 2.04 U/g 和 1.86 U/g；PASPN 处理下两品种的叶片 GS 活性分别为 2.16 U/g 和 1.94 U/g。花后 50 d，FP 处理下两品种的叶片 GS 活性分别为 1.92 U/g 和 1.92 U/g；OPT 处理下两品种的叶片 NR 活性分别为 1.81 U/g 和 1.81 U/g；PASPN 处理下两品种的叶片 GS 活性则分别为 2.01 U/g 和 1.99 U/g。上述结果表明，从开花至花后 50 d，PASPN 处理能有效提高玉米品种的叶片 GS 活性，且对 XY688 的 GS 活性调控大于 JF2。

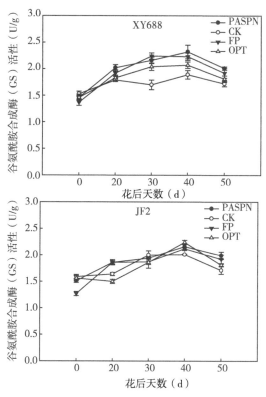

图 3-4　品种和氮肥种类处理对花后玉米叶片谷氨酰胺合成酶活性的影响（2020 年）

从图 3-5 可知，从开花—开花后 40 d，XY688 和 JF2 两供试品种的叶片 GOGAT 活性随着生育进程缓慢增加；从花后 40~50 d，两品种叶片 GOGAT 活性表现为随着生育进程不断缓慢下降。在各氮素处理和测试时期，XY688 叶片 GOGAT 活性均显著大于 JF2。开花—花后 50 d，不同氮素处理相比，PASPN 处理下两品种的叶片 GOGAT 活性均高于其他处理，且表现为在所有处理下，XY688 叶片 GOGAT 活性均明显高于 JF2。开花期，PASPN 处理下 XY688 和 JF2 的叶片 GOGAT 活性分别为 0.31 U/g 和 0.32 U/g；花后 40 d，PASPN 处理下 XY688 和 JF2 叶片 GOGAT 活性分别为 0.51 U/g 和 0.44 U/g；花后 50 d，PASPN 处理下 XY688 和 JF2 叶片 GOGAT 活性分别为 0.43 U/g 和 0.42 U/g。FP 处理下，与花后 40 d 相比，XY688 和 JF2 花后 50 d 叶片的 GOGAT 活性分别降低 17.30% 和 14.32%；OPT 处理下，与花后 40 d 相比，XY688 和 JF2 花后 50 d 叶片的 GOGAT 活性分别降低 20.48% 和 8.81%；PASPN 处理下，与花后 40 d 相比，XY688 和 JF2 花后 50 d 叶片 GOGAT 的活性分别降低 16.18% 和 6.28%。上述结果表明，与氮低效品种 JF2 相比，氮高效品种 XY688 在植株生育后期能保持较高的叶片 GOGAT 活性；PASPN 处理能显著提高 XY688 叶片 GOGAT 活性。较高的 GOGAT 活性对于改善植株氮代谢具有重要作用。

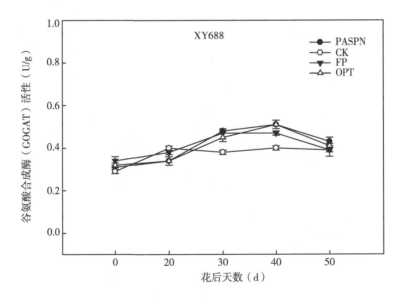

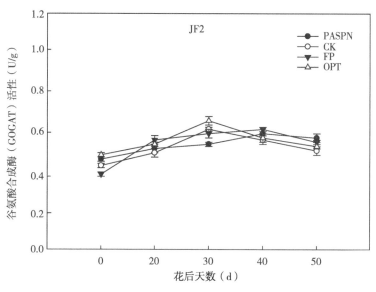

图 3-5　品种和氮肥种类处理对花后玉米叶片谷氨酸合成酶活性的影响（2020 年）

从图 3-6 可知，开花—开花后 40 d，两供试玉米品种的叶片 GLDH 活性表现为随着生育进程呈缓慢增加趋势；花后 40~50 d，两品种叶片 GLDH 活性随着生育进程而缓慢下降。在各氮素处理和测试时期，XY688 叶片 GLDH 活性均显著大于 JF2。不同氮素处理下 GLDH 活性表现为，开花至花后 50 d，PASPN 处理下两个品种的叶片 GLDH 活性高于其他处理。开花期，PASPN 处理下 XY688 和 JF2 的叶片 GLDH 活性分别为 0.050 U/g 和 0.050 U/g；花后 40d，该处理下 XY688 和 JF2 的叶片 GLDH 活性分别为 0.116 U/g 和 0.113 U/g；花后 50d，PASPN 处理下 XY688 和 JF2 的叶片 GLDH 活性分别为 0.105 U/g 和 0.106 U/g。FP 处理下，与花后 40 d 相比，XY688 和 JF2 花后 50 d 的叶片 GLDH 活性分别降低 20.37% 和 8.41%；OPT 处理下，与花后 40 d 相比，XY688 和 JF2 花后 50d 的叶片 GLDH 活性分别降低 18.24% 和 12.66%；PASPN 处理下，与花后 40 d 相比，XY688 和 JF2 花后 50 d 的叶片 GLDH 活性则分别仅降低 9.48% 和 6.19%。结果表明，与 JF2 相比，XY688 花后各时期均能保持较高的叶片 GLDH 活性；且各种氮素处理中以 PASPN 处理下玉米叶片 GLDH 活性最高。

从图 3-7 可知，开花—开花后 30 d，XY688 和 JF2 两供试玉米品种的叶片 GOT 活性也呈缓慢增加趋势；花后 30~50 d，两品种叶片 GOT 活性也表

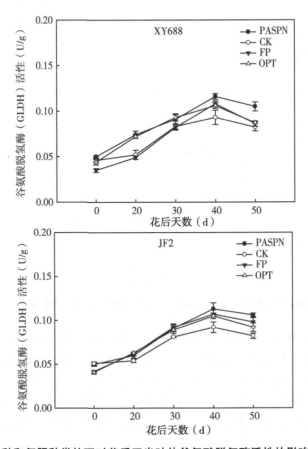

图 3-6 品种和氮肥种类处理对花后玉米叶片谷氨酸脱氢酶活性的影响（2020 年）

现随着生育进程而缓慢下降。在各氮素处理和测试时期，氮高效玉米品种 XY688 的叶片 GOT 活性均显著大于氮低效品种 JF2。不同氮素处理相比，从开花—花后 50d，PASPN 处理下两品种的叶片 GOT 活性均高于 OPT 处理，但低于 FP 处理。在所有氮素处理下，XY688 花后各时期的叶片 GOT 活性均高于 JF2。开花期，PASPN 处理下 XY688 和 JF2 的叶片 GOT 活性分别为 1.86 U/g 和 2.31 U/g；花后 40 d，该处理下 XY688 和 JF2 的叶片 GOT 活性分别为 3.14 U/g 和 2.85 U/g；花后 50 d，该处理下 XY688 和 JF2 的叶片 GOT 活性分别为 2.92 U/g 和 2.78 U/g。FP 处理下，与花后 40 d 相比，XY688 和 JF2 花后 50 d 的叶片 GOT 活性分别降低 3.21% 和 9.54%；OPT 处理下，与花后 40 d 相比，XY688 和 JF2 花后 50 d 的叶片 GOT 活性分别降低

7.95%和4.07%；PASPN 处理下，与花后 40 d 相比，XY688 和 JF2 花后 50 d 的叶片 GOT 活性分别降低 6.94%和 2.46%。表明与氮低效玉米品种相比，氮高效玉米品种 XY688 在生育后期能保持较高的叶片 GOT 活性；PASPN 处理通过提高玉米叶片 GOT 活性，在增强植株生育后期氮素吸收和同化过程中发挥重要生物学功能。

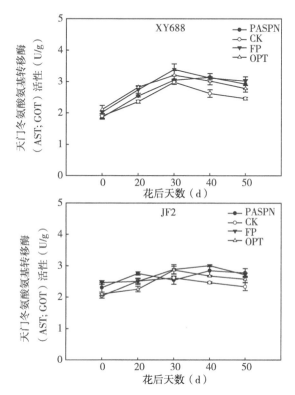

图 3-7 品种和氮肥种类处理对花后玉米叶片天门冬氨酸氨基转移酶活性的影响（2020 年）

从图 3-8 可知，开花—花后 30 d，两供试玉米品种的叶片 Protease 活性均随着生育进程呈缓慢增加趋势；从花后 30~50 d，两品种叶片 Protease 活性随着生育进程缓慢下降。两品种相比，在各氮素处理和测试时期，XY688 叶片 Protease 活性均显著大于 JF2。不同氮素处理相比，开花—花后 40 d，PASPN 处理下两品种的叶片 Protease 活性与其他氮素处理相比变幅较小；但花后 40~50 d，PASPN 处理下两品种的叶片 Protease 活性显著高于其他处理。表现为开花期，PASPN 处理下 XY688 和 JF2 的叶片 Protease 活性分别为 3.56 U/g 和 3.97 U/g；花后 40 d，该处理下 XY688 和 JF2 的叶片 Protease 活性分别为 7.11 U/g 和 5.93 U/g；花后 50 d，该处理下 XY688 和 JF2 的叶片 Protease 活性分别为 6.51U/g 和 5.21U/g。在 FP 处理下，与花后 40 d 相比，XY688 和 JF2 花后 50 d 的叶片 Protease 活性分别降低 16.41% 和 12.41%；OPT 处理下，与花后 40d 相比，XY688 和 JF2 花后 50 d 的叶片 Protease 活性分别降低 16.93% 和 6.44%；PASPN 处理下，与花后 40 d 相比，XY688 和 JF2 花后 50 d 的叶片 Protease 活性分别降低 13.49% 和 12.08%。研究表明，氮高效玉米品种 XY688 在花后各时期均能保持较高的叶片 Protease 活性，且 PASPN 处理对植株灌浆中后期的叶片 Protease 活性具有重要正向调控效应。

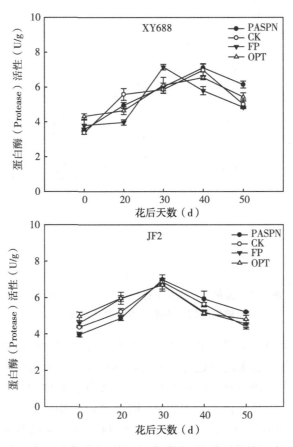

图 3-8　品种和氮肥种类处理对花后玉米叶片蛋白酶活性的影响（2020 年）

3.2.5 品种和氮肥种类对玉米叶片内源激素含量的影响

从图 3-9 可知，在玉米花后生长阶段，供试玉米品种叶片 IAA 含量呈先增加后降低趋势。此外，两品种叶片 IAA 含量随着生育期进程的表现特征也有所不同。其中，XY688 叶片 IAA 含量在开花—花后 30 d 呈增加趋势，花后 30~50 d 随着生育进程不断降低。JF2 的叶片 IAA 含量则在开花—花后 40 d 不断增加，花后 40~50 d 呈随着生育进程不断降低。两品种相比，在各氮素处理和测试时期，XY688 叶片的 IAA 含量均显著高于 JF2。不同氮素处理相比，表现为 PASPN 处理下两品种的叶片 IAA 含量高于其他处理。其中，在开花期，PASPN 处理下 XY688 和 JF2 的叶片 IAA 含量活性分别为 0.08 和 0.09；花后 40 d，该处理下 XY688 和 JF2 的叶片 IAA 含量分别为 0.15 和 0.16；花后 50 d，该处理下 XY688 和 JF2 的叶片 IAA 含量分别为 0.14 和 0.14。FP 处理下，与花后 40 d 相比，XY688 和 JF2 花后 50 d 的叶片 IAA 含量分别降低 6.48% 和 22.55%；OPT 处理下，与花后 40 d 相比，XY688 和 JF2 花后 50 d 的叶片 IAA 含量分别降低 21.23% 和 15.38%；PASPN 处理下，与花后 40 d 相比，XY688 和 JF2 花后 50 d 的叶片 IAA 含量分别降低 8.79% 和 15.02%。结果表明，PASPN 处理能有效促进玉米生育后期植株 IAA 合成代谢。

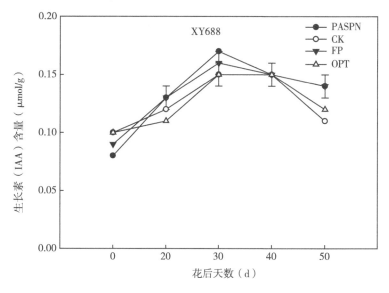

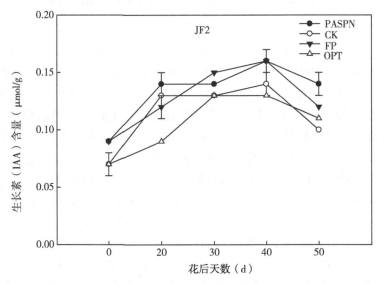

图 3-9　品种和氮肥种类处理对花后玉米叶片生长素含量的影响（2020 年）

从图 3-10 可知，在玉米生育后期，供试玉米品种叶片 GA 含量呈先增加后降低的单峰曲线型变化。但两供试玉米品种叶片 GA 含量对生育期进程的响应特征存在差异。其中，XY688 叶片 GA 含量在开花—花后 30 d 呈随着生育进程不断增加趋势，该品种花后 30～50 d 的 GA 含量降低。JF2 叶片 GA 含量在开花—花后 40 d 不断增加，而花后 40～50 d 呈随着生育进程降低趋势。不同品种相比，开花—花后 30d，XY688 的叶片 GA 含量均显著大于 JF2；而在开花 30 d 至花后 50d，该品种叶片 GA 含量小于 JF2。不同氮素处理相比，PASPN 处理对两供试玉米品种的叶片 GA 含量均具有明显促进效应，该处理下 GA 含量显著高于其他处理。表现为在开花期，PASPN 处理下 XY688 和 JF2 的叶片 GA 含量活性分别为 696.13 pmol/g 和 774.54 pmol/g；花后 40 d，该处理下 XY688 和 JF2 的叶片 GA 含量分别为 1 117.19 pmol/g 和 1 302.41 pmol/g；花后 50 d，该处理下 XY688 和 JF2 的叶片 GA 含量分别为 1 043.70 μmol/g 和 1 155.72 μmol/g。上述结果表明，PASPN 处理下，XY688 和 JF2 在花后各时期均能保持较高的叶片 GA 含量，对于增强玉米籽粒发育具有重要影响。

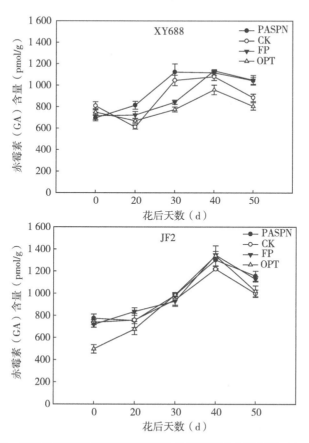

图 3-10　品种和氮肥种类对花后玉米叶片赤霉素含量的影响（2020 年）

从图 3-11 可知，在玉米花后生长阶段，供试玉米品种叶片 ABA 含量表现为随着生育进程呈先降低后增加趋势。两个品种叶片 ABA 含量对生育期进程的响应呈相同特征，表现为在开花—花后 30 d 不断降低，而花后 30~50 d 随着生育进程呈增加趋势。不同品种相比，XY688 各时期的叶片 ABA 含量高于 JF2。不同氮素处理相比，PASPN 处理下，两供试品种开花—花后 30d 的叶片 ABA 含量低于 FP 和 OPT 处理，但在花后 30~50 d 表现则高于上述处理。PASPN 处理下，XY688 和 JF2 开花期的叶片 ABA 含量活性分别为 619. 29 ng/g 和 595. 93ng/g；花后 30 d 的叶片 ABA 含量分别为 517. 48 ng/g 和 448. 56 ng/g；花后 50 d 的叶片 ABA 含量分别为 751. 48 ng/g 和715. 13 ng/g。可见与其他处理相比，PASPN 处理有效降低 XY688 和 JF2 开花至花后 30 d 的叶片 ABA 含量，以及增加供试品种花后 30 d 叶片的 ABA 含量。

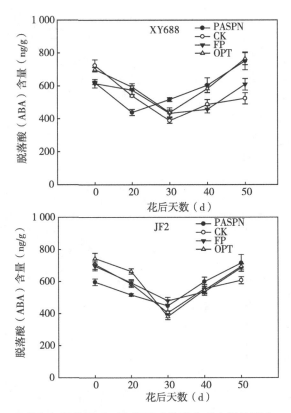

图 3-11 品种和氮肥种类对玉米花后叶片脱落酸含量的影响（2020 年）

从图 3-12 可知，在玉米花后生长阶段，供试玉米品种叶片 ZA 含量呈先增加后降低趋势。两品种生育后期的叶片 ZA 含量对生育期进程响应相同，均表现为开花—花后 30 d 随着生育进程不断增加，花后 30～50 d 则随着生育进程呈降低趋势。两供试品种中，XY688 在各测试时期的叶片 ZA 含量高于 JF2。各处理相比，PASPN 处理下，两品种花后各时期的叶片 ZA 含量高于 FP 和 OPT 处理。开花期，PASPN 处理下 XY688 和 JF2 的叶片 ZA 含量活性分别为 2 663.62 ng/g 和 2 457.00 ng/g；花后 30 d，PASPN 处理下 XY688 和 JF2 的叶片 ZA 含量分别为 4 732.23 ng/g 和 4 326.34 ng/g；花后 50d，PASPN 处理下 XY688 和 JF2 的叶片 ZA 含量分别为 3 925.74 ng/g 和 3 360 ng/g。上述结果表明，PASPN 处理对于 XY688 和 JF2 花后各时期叶片 ZA 含量具有正向调控效应。

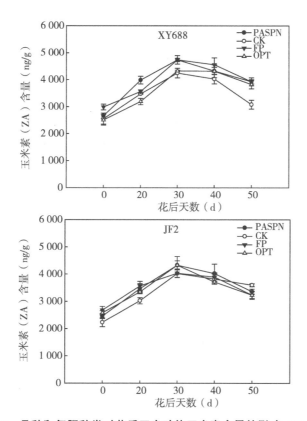

图 3-12　品种和氮肥种类对花后玉米叶片玉米素含量的影响（2020 年）

3.3　讨论

施用 PASPN，能有效改善氮高效玉米品种 XY688 生育期间对养分需求，提高氮素利用效率，增加地上部干物质积累量与氮素累积量，实现玉米高产和氮素利用效率的协同提高。作物植株吸收至体内的氮素营养，需要在一系列氮代谢酶（GS、GOGAT、GOT 及 GDH）催化下，形成各种有益功能与贮藏物质。其中，GS 和 GOGAT 偶联形成的循环反应是作物氮代谢的主要途径，是植株整个氮代谢的中心。此外，GOT 和 GDH 途径是氮代谢的重要支路，在植株对氨态氮的利用过程中发挥重要作用[105]。PASPN 为聚天门冬氨酸和尿素配施肥料。前人通过盆栽试验发现，聚天门冬氨酸与常规肥料混用，可以显著提高玉米幼苗期叶片叶绿素含量，增强植株硝酸还原酶（NR）活性。

本研究发现，与生产中施用的常规尿素处理相比，PASPN 处理下供试玉米品种生育后期叶片硝酸还原酶（NR）活性下降，但叶片 GS、GOGAT、GDH 和 GOT 活性明显提高，这主要是由于常规尿素（FT）处理下尿素前期释放较快，肥效期相对较短，而聚天门冬氨酸可以富集尿素中的 N、P、K 及微量元素，使氮素释放缓慢平稳，进而能够保持整个玉米生育期较高的氮素水平所致。上述特征能有效降低或控制养分释放速率，减少肥料挥发和淋溶损失，延长肥料的肥效期。唐会会研究也表明，与常规氮肥（CN）相比，PASPN 降低玉米灌浆期叶片硝酸还原酶（NR）活性，提高叶片谷氨酰胺合成酶（GS）和谷草转氨酶的活性（GOT），促进玉米籽粒灌浆中后期的氮素代谢，延缓叶片衰老，进而显著改善玉米花后地上部分干物质的积累量。因此，PASPN 有利于提高玉米叶片花后叶片氮代谢酶活性，通过增强玉米中后期氮代谢能力，在提高夏玉米氮素利用效率中具有重要应用价值。

叶片氮素营养可直接反映玉米植株的营养状况，也是光合作用的主要场所。研究表明，叶面积指数和叶绿素含量与叶片的光合能力密切相关[106]。群体水平上，适宜的 LAI 可增加群体对光能的截获，充分发挥品种的产量潜力，促进干物质积累和提高产量。此外，植物激素在调控植物生长发育中也发挥重要作用。协调平衡植株体内内源激素，有助于改善植株叶片结构，增加叶绿素含量，提高光能截获率，促进干物质积累和籽粒产量形成。前人研究表明，施氮可显著影响玉米内源激素的含量，如增施氮肥可以增加植株细胞分裂素含量，降低叶片内部 ABA 含量，提高叶片 LAI 和 SPAD 值，进而促进光合作用。本研究中，在玉米花后阶段，对 PASPN 处理植物激素含量测试结果表明，该处理可显著增加叶片生长素 IAA 和赤霉素 GA 含量，这对于氮高效玉米品种生育后期叶片 LAI 和光合速率提高、叶片后期衰老推迟，进而促进叶片光合作用和植株干物质生产具有重要促进作用。

3.4 小结

（1）与氮低效玉米品种 JF2 相比，氮高效品种 XY688 生育中后期叶片具有更高的 NR、GS、GOGAT、GOT 及 GDH 等氮代谢关键酶活性，叶片 IAA 和 GA 内源激素含量提高，以及较高的 LAI 和光合速率。

（2）PASPN 显著降低玉米中后期叶片 NR 活性，但对玉米叶片 GS、

GOGAT、GOT 及 GDH 等氮代谢关键酶活性具有显著正向调控效应。此外，该处理显著提高叶片 IAA 和 GA 等内源激素含量，提高玉米生育后期叶面积指数和光合速率。上述生理参数为该处理下玉米干物质生产和产量形成能力的改善奠定了坚实基础。

4 常规和缓释尿素配施对玉米产量及氮素利用的影响

已有学者对夏玉米和水稻等作物上进行常规尿素与缓释尿素混施效果开展了研究，发现常规尿素和缓释尿素配施处理能够保障玉米生育期对养分需求，提高植株肥料利用率，对增加地上部干物质以及氮素累积量和提高产量具有显著提升效果。本课题组于 2016 和 2017 年进行的 20 个玉米品种对比试验结果表明，先玉 688 属于氮高效品种，极峰 2 号属于氮低效品种。本研究旨在以上述不同氮高效品种玉米品种为材料，研究不同氮效率玉米品种在尿素与缓释尿素不同配施比例下，植株干物质积累、氮素积累与转运差异，明确品种和氮肥种类调控玉米产量形成和植株氮效率的生理机制。

4.1 材料与方法

4.1.1 试验材料

如前所述，先玉 688（XY688）和极峰 2（JF2）分别为典型的氮高效和氮低效玉米品种。故本部分以上述品种为供试材料，旨在揭示常规尿素和缓释尿素配施对夏玉米生育特性、产量性状和植株氮素利用特性的影响。

4.1.2 试验设计

试验于 2019 和 2020 年在辛集市马庄河北农业大学试验站进行。土壤质地及各种养分含量见 2.1 部分。试验设常规尿素（U）、缓释尿素（S）、常规尿素（U）和缓释尿素（S）3∶7 掺混（US3）、常规尿素（U）和缓释尿素（S）5∶5 掺混（US5）、常规尿素（U）和缓释尿素（S）3∶7（US7）共 5 个处理，各处理施氮量均为 180 kg/hm^2。所有肥料采用相同施用方式，均在夏玉米播种前结合播种一次性基施。其中，选用的缓释尿素由河南心连心化肥有限公司生产，该肥料 N、P$_2$O$_5$、K$_2$O 含量分别为 43%、

5%、5%。各试验处理施用的磷、钾肥施用量相同，其中，磷肥用量（P_2O_5）为 90 kg/hm²，钾肥用量（K_2O）为 90 kg/hm²。试验采用裂区设计，施肥处理为主区，品种为副区，3 次重复，小区长 8 m，宽 3.6 m，玉米留苗密度为 675 000 株/hm²，60 cm 等行距播种。田间除草、植保等管理同当地大田生产。

4.1.3　测定项目及方法

（1）干物重及全氮含量的测定

在拔节期、大喇叭口期、吐丝期、乳熟期和完熟期，每小区选取生长均一有代表性的植株 5 株。在拔节、大喇叭口期和吐丝期将植株分为叶片和茎秆（叶鞘）。在乳熟期和完熟期将植株分成为叶片、茎秆（叶鞘）、苞叶、穗轴和籽粒 5 部分，105℃杀青 30 min 后，于 70℃烘干至恒重。用电子天平称量其干重后，将样品粉碎成粉末，采用浓 H_2SO_4–H_2O_2 对植株各器官进行消煮，用连续流动分析仪 AA3 测定全氮含量。

（2）测产及考种

完熟期，在每个小区收获未取样的 4 行（10m×4 行）进行测产，从中选取 20 穗平均穗进行考种，按照 14%含水量折算籽粒产量。

（3）相关指标计算

花后植株干物重（g/plant）= 完熟期植株干物重−开花期植株干物重；

植株氮素积累量（g/plant）= 植株含氮量（%）× 植株干物重；

营养器官氮素转运量（g/plant）=（开花期叶片氮素积累量+茎秆氮素积累量）−（完熟期叶片氮素积累量+茎秆氮素积累量）；

营养器官氮素转运效率（%）= 营养器官氮素转运量/（开花期叶片氮含量+茎秆氮含量）×100；

花后氮素同化量（g/plant）= 完熟期植株氮素积累量−吐丝前植株氮素积累量

氮素吸收效率（kg/kg）= 完熟期植株氮素积累量/施氮量

氮素利用效率（kg/kg）= 籽粒产量/完熟期地上部植株氮素积累量

氮肥偏生产力（kg/kg）= 施氮区籽粒产量/施氮量

氮收获指数（NHI，%）= 籽粒吸氮量/完熟期地上部植株氮素积累量

4.1.4　数据分析

采用 Microsoft Excel 2007 对数据进行均值和标准差计算，采用SPSS 19.0

统计软件进行方差分析和多重比较。利用 Sigmaplot 10.0 软件作图。

4.2　结果与分析

4.2.1　常规和缓释尿素配施对玉米植株干物质积累与分配特性的影响

（1）植株干物质积累动态

由图 4-1 可知，玉米全生育期植株干物质积累量随生育进程增加呈"S"形曲线变化，表现为从拔节期至开花期，植株干物质积累量呈缓慢增加趋势；从开花期开始，不同氮素处理下供试玉米品种植株干物质积累量随生育进程快速增加，在完熟期达到最大值。不同处理相比，单株干物质积累量在吐丝期无显著差异。在完熟期，先玉 688（XY688）和极峰 2（JF2）两玉米品种在常规尿素（U）和缓释尿素（S）3∶7（US7）处理下的单株干物质积累量维持较高水平，且该处理下品种间单株干物质积累量表现明显差异，以 XY688 的单株干物质积累量显著高于 JF2（平均增幅 8.25%）。结果表明，US7 处理能显著增加氮高效玉米品种 XY688 的单株干物质生产能力。对花前和花后干物质积累量分析可知，花前平均干物质积累量在品种间无显著差异；但花后平均植株干物质积累量具有显著差异，在氮素各处理下，氮高效品种 XY688 花后单株干物质积累量显著高于氮低效 JF2（平均增幅 10.21%）。这表明，与氮低效品种 JF2 相比，氮高效品种 XY688 在植株生育后期籽粒灌浆期间干物质生产能力增强。

（2）开花吐丝期和完熟期植株各器官干物质分配特征

从表 4-1 可知，开花期，各氮素处理下植株各器官干物质积累量以茎秆所占比例最大，占全株总干物重的 70%左右。其中，XY688 植株的茎秆干物质积累量显著高于 JF2，而叶片干物质积累量品种间的差异不显著。US7 处理下，XY688 植株茎秆干物质积累量显著高于其他氮素处理，而 JF2 在该处理下的植株茎秆干物质积累量与其他处理相比未表现最大值。完熟期，各处理下供试品种植株茎秆和叶片的干物质积累量均显著降低，但品种间表现的差异不显著。此外，苞叶和穗轴干物重在成熟期品种间的差异也较小。在 US7、US5 和 US3 处理下，XY688 的籽粒干重占植株干物质总重的比例分别为 53.96%、52.64% 和 53.71%；在 U 和 S 处理下，该氮高效玉米品种籽粒干重占植株干物质总重的比例分别为 53.96%、52.64% 和 53.71%。

在上述氮素处理（US7、US5 和 US3）下，JF2 的籽粒干重占植株干物质总重的比例分别为 53.96%、52.64% 和 53.71%；在 U 和 S 处理下，该氮低效品种籽粒干重占植株干物质总重的比例分别为 53.96%、52.64% 和 53.71%。上述结果表明，常规和缓释尿素配施对植株干物质在各器官的分配特性具有较大影响。其中，常规和缓释尿素配施（US7）处理下，XY688 在完熟期植株干物质向叶片和茎秆干物质分配比例相对较低，而向籽粒的分配比例（籽粒干物重）增大，有助于收获指数的提高。

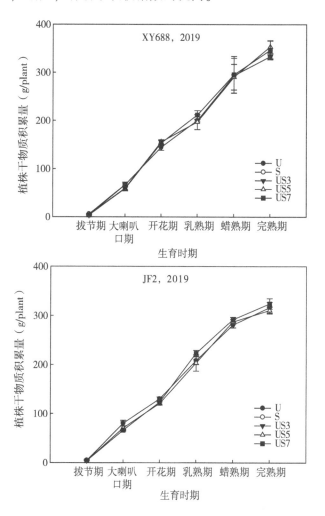

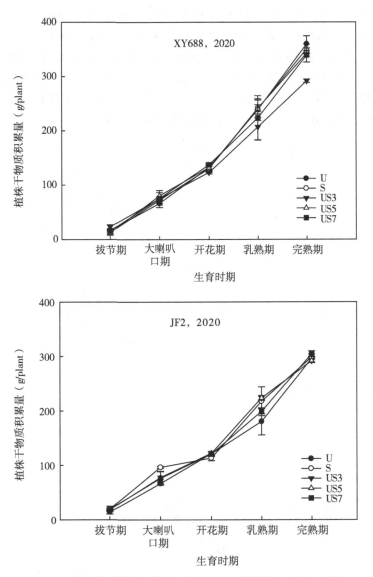

图4-1　常规和缓释尿素配施对玉米干物质积累与分配的影响

表4-1 常规和缓释尿素配施对玉米干物质积累与分配的影响

年份	品种	处理	开花期（g/plant）			完熟期（g/plant）						花后干物重（g/plant）
			叶片	茎秆	总和	叶片	茎秆	苞叶	穗轴	籽粒	总和	
2019	XY688	U	44.32a	99.98b	144.30b	35.35b	82.80a	12.61a	27.05a	175.41c	333.21b	188.91b
		S	39.07b	99.03b	138.10b	30.65c	87.34a	11.06a	25.23a	178.83b	333.11b	195.01a
		US3	43.00a	97.62b	140.62b	34.44b	84.77a	10.53b	27.63a	180.71b	338.08b	197.46a
		US5	45.38a	109.88a	155.27a	38.90a	84.72a	10.77b	27.33a	191.82a	353.53a	198.27a
		US7	44.12a	108.90a	153.02a	37.53a	82.46a	11.07a	28.40a	187.02a	346.47a	193.45a
	JF2	U	37.86a	92.05a	129.91a	31.12a	77.24a	16.76a	26.90a	164.63b	316.64b	186.73b
		S	38.61a	94.39a	133.00a	34.16a	76.84a	17.69a	29.35a	171.60a	329.64a	196.64a
		US3	39.05a	92.80a	131.86a	28.83b	75.26a	19.05a	28.70a	167.48a	319.31b	187.46b
		US5	36.15a	84.27b	120.42b	31.56a	66.40b	15.98a	27.50a	169.36a	310.79b	190.37a
		US7	36.40a	86.78b	123.18b	31.34a	69.89b	18.69a	29.53a	174.76a	324.21a	201.03a
2020	XY688	U	40.91b	91.33a	132.24b	32.33a	80.81a	20.16a	30.49a	195.84a	359.63a	227.39a
		S	41.66b	88.85b	130.50b	30.83b	81.25a	14.12b	26.15a	189.97b	342.32a	211.81a
		US3	44.70a	92.28a	136.99a	26.25b	75.77a	13.71b	24.42a	193.29a	333.45a	196.46b
		US5	45.99a	86.27b	132.26b	26.56b	71.75a	19.37a	29.96a	202.70a	350.33a	218.07a
		US7	45.66a	91.82a	137.48a	28.33a	72.65a	15.74b	30.69a	191.78a	339.18a	201.70a
	JF2	U	36.10b	76.96a	113.05b	25.62a	74.44a	17.84a	23.76a	152.48b	294.13a	181.08a
		S	34.40b	78.67a	113.07b	31.94a	72.06a	16.28a	22.53a	155.58b	298.39a	185.32a
		US3	41.58a	81.50a	123.08a	26.22a	70.59a	15.70a	22.72a	156.56b	291.80a	168.72b
		US5	43.60a	78.21a	121.82a	26.72a	65.90a	16.04a	21.81a	161.40a	291.88a	170.06b
		US7	43.80a	76.77a	120.57a	26.68a	68.82a	15.97a	26.61a	166.33a	304.42a	183.84a

（续表）

变异来源	开花期 (g/plant)			完熟期 (g/plant)						花后干物重 (g/plant)
	叶片	茎秆	总和	叶片	茎秆	苞叶	穗轴	籽粒	总和	
年份 Year (Y)	ns	*	*	ns	ns	ns	ns	ns	ns	ns
品种 (C)	*	*	*	ns	*	ns	ns	**	**	*
施肥种类 Nitrogen types (N)	*	*	**	*	ns	*	*	**	**	**
年份×品种 (Y×C)	ns	*	ns	ns	ns	ns	ns	ns	ns	ns
年份×施肥种类 (Y×N)	ns	ns	ns	ns	ns	ns	ns	ns	ns	ns
品种×施肥种类 (C×N)	ns	ns	ns	ns	ns	ns	ns	ns	ns	ns
年份×品种×施肥种类 (Y×C×N)	ns	ns	ns	ns	ns	ns	ns	ns	ns	ns

注：同列数据后不同小写字母表示品种间差异达 0.05 显著水平；**，$p < 0.01$；*，$p < 0.05$；ns，0.05 水平不显著。

4.2.2 常规和缓释尿素配施对玉米氮素积累与分配的影响

（1）植株氮素积累动态

从图4-2可知，各氮素处理下玉米植株氮素积累量随生育进程增加呈"S"形曲线变化，表现为从拔节期至开花期，植株氮素积累量随着生育进程呈缓慢增加趋势；从开花期开始，植株氮素积累量快速增加，完熟期达到最大值。不同处理相比，在开花期，U/S处理下两个玉米品种的单株氮素积累量最高，上述处理该期植株氮累积量高于US3、US5和US7处理。完熟期，U/S处理下两玉米品种的单株氮素积累速率维持较高水平，而US3、US5和US7处理的单株氮素积累速率相对较低。表明常规和缓释尿素配施处理为均衡供应玉米植株全生育期植株对氮素的供给，改善植株生育后期对养分的吸收。

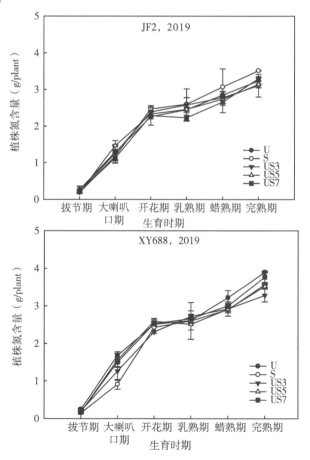

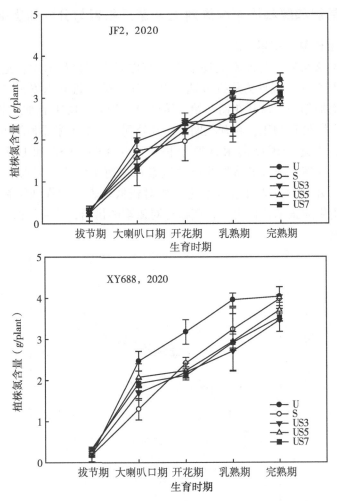

图 4-2　常规和缓释尿素配施对玉米氮素积累变化动态的影响

（2）植株花前花后氮素积累与分配特征

对植株花前与花后各处理植株氮素积累量比较可知，各氮素处理品种间花前平均植株氮素积累量无显著差异，而品种间在花后平均植株氮素积累量具有显著差异（表 4-2）。两试验年度，各氮素处理下，XY688 植株花后平均植株氮素积累量明显高于 JF2，增幅分别为 23.42% 和 9.26%。这说明，XY688 在花后植株具有较强的氮素同化能力。2019 年度，U 和 S 处理下，XY688 植株花后氮素积累量分别为 1.39 g/plant 和 1.14 g/plant，JF2 植株花后氮素积累量分别为 0.98 g/plant 和 1.06 g/plant；US3、US5 和 US7 处理下，XY688 植株花后氮素积累量分别为 0.97 g/plant、1.09 g/plant 和 1.44g/plant；JF2 植株花后氮素积累量分别为 0.86 g/plant、0.88 g/plant 和 1.01 g/plant。这说明，常规和缓释尿素配施处理（US7），能有效增加 XY688 植株在生育后期的氮素积累。常规和缓释尿素配施处理 US3、US5 和 US7 处理均降低了 JF2 植株花后氮素积累量。

对完熟期各器官氮素分配比较可知，该期植株叶片和茎秆氮素分配比例降低，而籽粒氮素分配比例增加。2019 年度，U 处理下，XY688 和 JF2 籽粒氮素分配比例（氮素收获指数）分别为 72.27% 和 71.72%；S 处理下，XXY688 和 JF2 籽粒氮素分配比例分别为 73.48% 和 68.48%；US3 处理下，XY688 和 JF2 籽粒氮素分配比例分别为 69.80% 和 65.94%；US5 处理下，XY688 和 JF2 籽粒氮素分配比例分别为 71.64% 和 73.70%；US7 处理下，XY688 和 JF2 籽粒氮素分配比例分别为 75.24% 和 72.41%。上述结果表明，常规和缓释尿素配施处理能优化成熟期氮素在各器官的分配，降低植株叶片和茎秆氮素分配比例，将叶片和茎秆中贮存氮素更多运输到籽粒，增加籽粒的氮素累积。

表 4-2　常规和缓释尿素配施对玉米氮素积累与分配的影响

年份	品种	处理	开花期（g/plant）			完熟期（g/plant）						花后同化量（g/plant）
			叶片	茎秆	总和	叶片	茎秆	苞叶	穗轴	籽粒	总和	
2019	XY688	U	0.76b	1.75a	2.51a	0.53a	0.41b	0.08a	0.07a	2.82a	3.90a	1.39a
		S	0.78b	1.66a	2.43a	0.41b	0.39b	0.07a	0.07a	2.62a	3.57a	1.14a
		US3	0.85a	1.46b	2.31ab	0.39b	0.55b	0.01a	0.04a	2.30b	3.28b	0.97b
		US5	0.90a	1.53b	2.43a	0.41b	0.53a	0.01a	0.05a	2.52a	3.52a	1.09a
		US7	0.73b	1.60a	2.33ab	0.38b	0.49a	0.02a	0.04a	2.83a	3.77a	1.44a
	JF2	U	0.63a	1.63b	2.26a	0.38b	0.40a	0.07a	0.06a	2.32a	3.24a	0.98a
		S	0.69a	1.78a	2.47a	0.50a	0.46a	0.05a	0.10a	2.41a	3.52a	1.06a
		US3	0.65a	1.60b	2.26a	0.38b	0.49a	0.09a	0.09a	2.05b	3.11b	0.86b
		US5	0.63a	1.63b	2.26a	0.38b	0.32b	0.06a	0.07a	2.31a	3.14b	0.88b
		US7	0.61a	1.69b	2.29a	0.38b	0.40a	0.06a	0.07a	2.39a	3.30a	1.01a

（续表）

年份	品种	处理	开花期（g/plant）			完熟期（g/plant）						花后同化量（g/plant）
			叶片	茎秆	总和	叶片	茎秆	苞叶	穗轴	籽粒	总和	
2020	XY688	U	1.01a	1.46a	2.62a	0.48a	0.40a	0.07a	0.08a	2.93a	3.96a	1.49a
		S	0.83b	1.48a	2.31a	0.42a	0.36b	0.04a	0.06a	2.73a	3.62a	1.31b
		US3	0.88b	1.32a	2.20ab	0.29b	0.48a	0.02a	0.03a	2.64a	3.46b	1.26b
		US5	0.92a	1.32a	2.24ab	0.28b	0.44a	0.02a	0.05a	2.92a	3.71a	1.47a
		US7	0.69c	1.43a	2.12ab	0.31b	0.43a	0.02a	0.05a	2.72a	3.53b	1.41a
	JF2	U	0.60a	1.37b	1.97ab	0.30a	0.38a	0.07a	0.05a	2.32a	3.12a	1.15a
		S	0.71a	1.25a	1.96ab	0.46a	0.42a	0.05a	0.08a	2.32a	3.33a	1.37a
		US3	0.70a	1.52a	2.22a	0.34b	0.47a	0.07a	0.07a	2.01b	2.97a	0.75b
		US5	0.75a	1.65a	2.41a	0.34b	0.32b	0.06a	0.05a	2.12a	2.90b	0.49c
		US7	0.73a	1.69a	2.42a	0.34b	0.39a	0.06a	0.07a	2.23a	3.10a	0.68b
变异来源												
年份 Year（Y）			ns	ns	ns	ns	ns	ns	ns	ns	ns	ns
品种（C）			*	ns	*	ns	ns	ns	ns	*	**	*
施肥种类 Nitrogen types（N）			*	*	*	ns	ns	ns	ns	*	*	*
年份×品种（Y×C）			ns	ns	ns	ns	ns	ns	ns	ns	ns	ns
年份×施肥种类（Y×N）			ns	ns	ns	ns	ns	ns	ns	ns	ns	ns
品种×施肥种类（C×N）			ns	ns	ns	ns	ns	ns	ns	ns	ns	ns
年份×品种×施肥种类（Y×C×N）			ns	ns	ns	ns	ns	ns	ns	ns	ns	ns

注：同列数据后不同小写字母表示品种间差异达 0.05 显著水平；**，$p < 0.01$；*，$p < 0.05$；ns，0.05 水平不显著。

4.2.3 常规和缓释尿素配施对玉米氮素转运特征的影响

从表4-3可见，不同氮素处理下两供试品种植株氮素转运特征存在差异。对氮高效品种 XY688 研究发现，US3、US5 和 US7 处理下，该品种植株氮素转运量和转运效率与常规尿素处理相比降低。2019 年度，与 U 和 S 处理相比，US7 处理下，XY688 植株氮素转运量和转运效率分别降低 10.54% 和 7.42%。2020 年度，与 U 和 S 处理相比，US7 处理下该品种植株的氮素转运量和转运效率分别降低9.49%和12.91%。对氮低效品种JF2在各氮素处理下的表现特征分析可知，US3、US5和US7处理增加了该品种的植株氮素转运量和转运效率。与U和S处理相比，2019年度，US7处理下植株氮素转运量和转运效率分别增加5.91%和10.49%。2020年度分别增加56.24%和30.96%。JF2表现为在US7处理下植株的氮素转运效率显著高于S处理，但与其他处理相比差异较小。这表明，常规和缓释尿素配施处理（US7）对不同氮效率玉米品种植株生育期间的氮素转运特性影响不同，表现为降低XY688的花前贮存氮素向籽粒转运量，而增加JF2花前氮素向籽粒的转运效率。

表4-3　常规和缓释尿素配施对玉米氮素转运及效率的影响

年份	品种	处理	氮素转运量（g/plant）			氮素转运效率（%）		
			叶片	茎秆	总和	叶片	茎秆	总和
2019	XY688	U	0.23c	1.34a	1.57a	29.65b	76.45a	62.37a
		S	0.37b	1.26a	1.63a	46.20a	76.13a	66.86a
		US3	0.46a	0.91b	1.37b	53.69a	62.50b	59.34b
		US5	0.49a	1.00b	1.49b	54.37a	65.36b	61.29a
		US7	0.35 b	1.11b	1.46b	46.99a	69.33b	62.41a
	JF2	U	0.25a	1.13b	1.38b	39.19a	73.69b	63.62b
		S	0.24a	1.19b	1.43b	35.63a	72.20b	61.35b
		US3	0.27a	1.11b	1.38b	41.17a	69.27b	61.13b
		US5	0.25a	1.32a	1.56a	38.23a	80.58a	69.10a
		US7	0.23a	1.29a	1.52a	38.03a	76.31ab	66.19a
2020	XY688	U	0.53a	1.06a	1.59a	50.73b	72.83a	64.28a
		S	0.41b	1.12a	1.53a	49.02b	75.37a	66.17a
		US3	0.59a	0.84b	1.43b	66.69a	63.26b	64.78a
		US5	0.64a	0.88b	1.52ab	69.08a	66.41b	67.58a
		US7	0.39b	1.00ab	1.39b	55.90b	69.53b	65.15a
	JF2	U	0.30b	1.00b	1.29c	48.90ab	71.56a	65.13a
		S	0.25b	0.83b	1.08c	35.63c	62.64b	53.40b
		US3	0.35b	1.05b	1.41b	50.82a	68.99b	63.30a
		US5	0.41a	1.34a	1.75a	54.05a	72.00a	65.46a
		US7	0.39a	1.30a	1.69a	53.08a	77.00a	69.83a

（续表）

年份	品种	处理	氮素转运量（g/plant）			氮素转运效率（%）		
			叶片	茎秆	总和	叶片	茎秆	总和
变异来源								
年份 Year（Y）			ns	ns	ns	*	ns	ns
品种（C）			*	ns	ns	*	*	ns
施肥种类 Nitrogen types（N）			*	*	*	*	*	*
年份×品种（Y×C）			ns	ns	ns	ns	ns	ns
年份×施肥种类（Y×N）			ns	ns	ns	ns	ns	ns
品种×施肥种类（C×N）			ns	ns	ns	*	*	ns
年份×品种×施肥种类（Y×C×N）			ns	ns	ns	ns	ns	ns

注：同列数据后不同小写字母表示品种间差异达 0.05 显著水平；**，$p < 0.01$；*，$p < 0.05$；ns，0.05 水平不显著。

4.2.4　常规和缓释尿素配施对玉米产量及产量构成因素的影响

由表 4-4 可见，在相同氮素处理下，XY688 的籽粒产量显著高于 JF2。2019 和 2020 年度，各氮素处理下 XY688 的平均籽粒产量较 JF2 分别增加 15.85% 和 18.67%。其中，2019 年度，与 U 处理相比，US3、US5 和 US7 处理下，XY688 籽粒产量分别增加 8.57%、16.89% 和 21.41%，JF2 籽粒产量分别增加 4%、4.77% 和 6.47%。2020 年度，与 U 处理相比，US3、US5 和 US7 处理下，XY688 籽粒产量分别增加 20.69%、17.94% 和 28.73%，JF2 籽粒产量分别增加 10.31%、10.72% 和 16.53%。与 S 处理相比，US3、US5 和 US7 处理也表现出明显增产趋势。上述结果表明，常规和缓释尿素配施处理对氮高效玉米品种的增产效应大于氮低效玉米品种。

对不同氮素处理供试品种的百粒重和单穗穗粒数比较发现，百粒重在处理和品种间无显著差异，但 XY688 单穗穗粒数显著高于 JF2。2019 和 2020 年度，XY688 各处理平均单穗穗粒数比 JF2 分别增加 13.92% 和 16.62%。对各处理单穗穗粒数比较发现，与 U 和 S 处理相比，常规和缓释尿素配施 US3、US5 和 US7 处理增加 XY688 和 JF2 的穗粒数。其中，US7 处理下，供试玉米品种的穗粒数增幅最大。可见，常规和缓释尿素配施处理显著提高了玉米单穗穗粒数，较高的穗粒数是该处理下 XY688 籽粒产量优势得以发挥的重要原因。

表 4-4　常规和缓释尿素配施对玉米产量及产量构成的影响

年份	品种	处理	产量 （kg/hm²）	单位面积穗数 （ear/hm²）	单穗粒数	百粒重 （g）
2019	XY688	U	9 364.8b	52 222.5a	511.0d	35.2a
		S	10 273.6b	5 3333.6a	529.2c	36.4a
		US3	10 167.3b	52 500.3a	522.0c	36.2a
		US5	10 946.5b	55 278.1a	557.1b	35.3a
		US7	11 369.6a	54 444.7a	582.1a	37.6a
	JF2	U	8 727.5b	51 666.9a	446.4d	37.8a
		S	8 749.9b	51 111.4a	456.7d	37.5a
		US3	9 076.7a	52 222.5a	473.2c	36.6a
		US5	9 144.2a	51 111.4a	491.3ab	36.4a
		US7	9 291.8a	50 833.6a	503.8a	36.3a
2020	XY688	U	9 470.7cd	52 126.7b	492.8b	36.9a
		S	10 495.6c	56 472.5b	496.6b	37.4a
		US3	11 430.3b	58 028.3b	516.2b	38.2a
		US5	11 169.5b	57 520.0b	546.1a	35.6a
		US7	12 191.2a	62 250.0a	528.0a	37.1a
	JF2	U	8 475.7c	55 462.5a	416.6c	36.7b
		S	9 054.2b	54 970.0a	420.2c	39.2a
		US3	9 349.7a	56 115.0a	452.5b	36.8b
		US5	9 384.2a	55 012.5a	451.2b	37.8b
		US7	9 876.9a	56 765.0a	471.5a	36.9b
变异来源						
年份 Year（Y）			*	ns	**	ns
品种（C）			**	*	**	*
施肥种类 Nitrogen types（N）			**	ns	**	ns
年份×品种（Y×C）			ns	ns	ns	ns
年份×施肥种类（Y×N）			ns	ns	ns	ns
品种×施肥种类（C×N）			*	ns	*	*
年份×品种×施肥种类（Y×C×N）			ns	ns	ns	ns

注：同列数据后不同小写字母表示品种间差异达 0.05 显著水平；**，$p < 0.01$；*，$p < 0.05$；ns，0.05 水平不显著。

4.2.5 常规和缓释尿素配施对玉米氮素利用效率的影响

所有氮素处理下，XY688 氮素吸收效率均显著高于 JF2。两个试验年度对供试玉米品种氮素吸收和利用效率分析得到相似结果。与 U/S 处理相比，US3、US5 和 US7 处理下氮素吸收效率降低，但氮素利用效率增加，XY688 氮素利用效率均显著高于 JF2。在各种氮素处理下，XY688 的氮肥偏生产力和氮素收获指数均显著高于 JF2，这与前者较高的氮素利用率一致。与 U/S 处理相比，US3、US5 和 US7 处理也显著增加了 XY688 的氮肥偏生产力和氮素收获指数，但上述处理下，JF2 的氮肥偏生产力和氮素收获指数增幅较小。可见，与 JF2 相比，XY688 在氮素吸收和利用效率方面具有显著优势（表 4-5）。

表 4-5　常规和缓释尿素配施对玉米氮素利用效率的影响

年份	品种	处理	氮素吸收效率（kg/kg）	氮素利用效率（kg/kg）	氮肥偏生产力（kg/kg）	氮素收获指数（%）
2019	XY688	U	0.32a	47.76b	48.22b	72.3a
		S	0.30a	44.67b	48.72b	73.5a
		US3	0.27a	50.68a	51.04a	69.8b
		US5	0.29a	50.81a	50.43a	71.6a
		US7	0.31a	52.48a	49.44a	75.2a
	JF2	U	0.27a	40.09c	47.16b	71.7a
		S	0.29a	41.71c	47.58b	68.5b
		US3	0.26a	50.16a	48.47a	65.9b
		US5	0.26a	42.32c	48.18a	73.7a
		US7	0.27a	46.03b	48.08a	72.4a
2020	XY688	U	0.33a	49.27b	52.62b	74.1b
		S	0.30a	49.48b	58.31b	75.5ab
		US3	0.29a	55.20a	63.50a	76.2a
		US5	0.31a	56.85a	62.05a	78.7a
		US7	0.29a	57.21a	67.73a	77.2a
	JF2	U	0.26a	46.42c	47.09c	68.2b
		S	0.28a	51.40b	50.30b	69.6b
		US3	0.25a	57.27a	56.16a	67.7b
		US5	0.24a	52.45a	58.66a	73.1a
		US7	0.26a	55.54a	56.06a	72.1a
变异来源			ns	*	*	*

（续表）

年份	品种	处理	氮素吸收效率（kg/kg）	氮素利用效率（kg/kg）	氮肥偏生产力（kg/kg）	氮素收获指数（%）
年份 Year（Y）			**	*	**	*
品种（C）			**	*	**	*
施肥种类 Nitrogen types（N）			*	*	*	*
年份×品种（Y×C）			ns	ns	ns	ns
年份×施肥种类（Y×N）			ns	ns	ns	ns
品种×施肥种类（C×N）			ns	ns	ns	ns
年份×品种×施肥种类（Y×C×N）			ns	ns	ns	ns

注：同列数据后不同小写字母表示品种间差异达 0.05 显著水平；**，$p < 0.01$；*，$p < 0.05$；ns，0.05 水平不显著。

4.3　讨论

选育和有效利用氮高效品种是实现玉米高产高效生产的有效途径。本研究发现，在各处理下，氮高效玉米品种 XY688 较氮低效品种 JF2 均具有更高的籽粒产量。此外，XY688 在植株生育后期也具有较高的氮素吸收能力，这说明氮高效品种 XY688 通过维持较强的植株花后氮素吸收，增强植株干物质生产和产量形成能力。上述结果与之前报道的高产玉米品种具有更高的花后干物质生产和氮素吸收能力一致[107]。缓控释肥的作用机理是通过降低或控制养分释放速率，减少肥料挥发、淋溶损失，有效提高肥料利用率。前人研究表明，玉米施用缓控释肥可减少施肥量和施肥次数，同时实现增产增收[108]。李伟等的研究表明，以常规尿素氮肥与缓释氮肥的掺混比例为 1 : 1 处理，获得的产量最佳。本研究结果表明，常规尿素和缓释尿素掺混施用，可显著降低肥料施用成本，实现肥料间养分持续供应，充分发挥控释尿素的养分控释增效性能，满足生育后期植株的养分需求。本研究发现，在河北平原区，以常规尿素与缓释尿素掺混比例为 3 : 7 处理改善植株养分吸收和提高产量效果最为明显，该施肥方式有待今后生产中验证及示范。

夏玉米产量和氮素吸收积累量随着控释氮肥与常规尿素混施比例增加而增加[28]。与常规尿素氮肥相比，控释氮肥有利于玉米植株氮素吸收和积累，提高产量及籽粒品质[109]。有研究表明，适当控释氮肥减量后，能维持相对稳定玉米产量的同时，显著提高植株的氮肥利用效率。此外，常规和缓释尿素配施可以提高作物氮肥利用率，促进营养器官贮存氮素更多向籽粒中运转。本研究表明，常规尿素与缓释尿素掺混比例为 3∶7 时，氮高效玉米品种 XY688 成熟期植株具有高氮量累积，同时，植株的氮素利用效率和氮素收获指数也同步提高。该处理下较高的花后植株吸氮量和花前营养器官氮素转运量，共同决定了 XY688 全生育期较高的植株氮素吸收和利用效率。对不同氮效率供试玉米品种分析可知，在同一氮素处理下，XY688 和 JF2 的花前营养器官氮素转运量无显著性差异，而氮高效品种 XY688 生育后期的植株氮素吸收和转运效率提高，进而改善该品种的氮素利用效率和氮素收获指数。因此，在河北平原区，合理的常规和缓释尿素配施相结合，可以实现夏玉米产量和氮肥利用效率得到协同提高。由于不同地区作物种植模式及产量水平不同，玉米养分的需求也存在差异，在其他生态地区尿素和缓释氮肥的适宜配比还有待进一步研究。

4.4　小结

常规尿素（U）与缓释尿素（S）3∶7 掺混（US7）处理下，玉米品种 XY688 和 JF2 具有较高的籽粒产量、成熟期植株吸氮量、氮素利用效率和氮素收获指数，该氮素处理下 XY688 拥有较多的有效穗数和穗粒数以及较高的花后吸氮量和花前营养器官氮素转运量，是该氮高效玉米品种高产高效的重要原因。

常规尿素和缓释尿素掺混可降低肥料施用成本，实现肥料间养分供应持续接力，充分发挥控释尿素的养分控释增效性能。在河北平原夏玉米生产中，以常规与缓释尿素最佳配施比例 3∶7（US7），改善植株养分吸收和产量形成的效果最佳。

5 常规与缓释尿素配施对夏玉米植株氮代谢的影响

在明确常规和缓释尿素配施对夏玉米植株产量形成、干物质积累、氮素积累与转运和植株氮效率的基础上，明确常规和缓释尿素配施调控玉米植株氮代谢特征生理机制具有重要意义。常规和缓释尿素按合理比例配施，通过增强玉米功能叶片氮代谢关键酶活性以及提高叶面积指数，对改善夏玉米植株各生育时期尤其生育后期的植株光合效率、干物质生产和产量形成能力具有重要影响。本课题组于 2016 和 2017 年进行的 20 个玉米品种对比试验结果表明，XY688 属于氮高效品种，JF2 属于氮低效品种。本研究旨在以上述不同氮高效品种玉米品种为材料，研究不同氮效率玉米品种在尿素与缓释尿素不同配施比例下，玉米品种叶面积、光合速率、氮代谢酶活性、内源激素含量等生理参数表现特征，为夏玉米常规尿素和缓释尿素高效配施技术提供理论依据。

5.1 材料与方法

5.1.1 试验材料

供试品种为先玉 688（XY688）和极峰 2 号（JF2）。

5.1.2 试验设计

试验于 2020 年在辛集市马庄河北农业大学试验站进行。土壤质地及各种养分含量见 2.1 部分。试验设常规尿素（U）、缓释尿素（S）、常规尿素（U）和缓释尿素（S）3：7 掺混（US3）、常规尿素（U）和缓释尿素（S）5：5 掺混（US5）、常规尿素（U）和缓释尿素（S）3：7（US7）共 5 个处理，各处理施氮量均为 180 kg/hm^2。所有肥料采用相同施用方式，均在夏玉米播种前结合播种一次性基施。其中，选用的缓释尿素由河南心连心化肥有限公司生产，该肥料 N、P$_2$O$_5$、K$_2$O 含量分别为 43%、5%、

5%。各试验处理施用的磷、钾肥施用量相同，其中，磷肥用量（P_2O_5）为 90 kg/hm²，钾肥用量（K_2O）为 90 kg/hm²。试验采用裂区设计，施肥处理为主区，品种为副区，3 次重复，小区长 8 m，宽 3.6 m，玉米留苗密度为 67 500 株/hm²，60 cm 等行距播种。田间除草、植保等管理同当地大田生产。

5.1.3　测定项目及方法

（1）绿叶面积的测定

标定好 3 株具代表性植株，分别于拔节期、大喇叭口期、开花期、乳熟期和完熟期测量叶片长、宽，单叶叶面积 = 长×宽×系数（未展开叶片系数为 0.5，展开叶片系数为 0.75），叶面积指数（LAI）= 单株叶面积×单位土地面积内株数/单位土地面积。

（2）叶片光合速率的测定

在吐丝期和乳熟期，各氮素处理下供试玉米品种分别选取代表性植株 5 株，使用美国汉莎 CIRAS-3 便携式光合测定系统进行代表性穗位叶光合速率测定。测定于 9：00—12：00 时进行，采用人工光源，光照强度控制为 1 600 μmol m²/s，各氮素处理和供试品种重复 3 次。

（3）叶片全氮含量的测定

将各氮素处理供试玉米品种拔节期、大喇叭口期、吐丝期、乳熟期和完熟期植株样本烘干称重后，采用粉碎机将样品粉碎成粉末，过筛后浓 H_2SO_4-H_2O_2消煮，采用连续流动分析仪 AA3 测定全氮含量。具体测定方法参照仪器使用说明书进行。

（4）叶片氮代谢酶活性的测定

在各生育时期，选取不同氮素处理供试玉米品种上位展开叶片，每个处理取样 5 株玉米植株的叶片，采用苏州绘真医学检验所有限公司生产的测硝酸还原酶活性（NR）、谷氨酰胺合成酶活性（GS）、谷氨酸合成酶（GOGAT）活性和谷氨酸脱氢酶活性（GDH）活性测定试剂盒，按照使用说明测定。

（5）叶片内源激素含量的测定

采用苏州绘真医学检验所有限公司生产的生长素、赤霉素、脱落酸和玉米素试剂盒，按照使用说明，测定不同氮素处理下供试玉米品种上位展开叶片生长素、赤霉素、脱落酸和玉米素含量。包括样本前处理、叶片中蛋白提取及含量测定和激素测定三个步骤。以空白孔调零，450 nm 波长依序测量各孔的吸光度（OD 值）。测定应在加终止液后 15 min 以内进行。

5.1.4　数据分析

采用 Microsoft Excel 2007 软件对数据进行处理，采用 SPSS 22.0 统计软件进行方差分析和多重比较等统计学分析。采用 Sigmaplot 10.0 软件作图。

5.2　结果与分析

5.2.1　常规和缓释尿素配施对玉米叶面积指数的影响

从图 5-1 可知，从拔节期到吐丝期，各氮素处理（常规尿素对照、常规和缓释尿素配施）供试两玉米品种叶面积指数（LAI）随着生育进程不断增加，吐丝期达到最大值；吐丝期之后，因植株下位叶不断衰老呈缓慢降低趋势，完熟期降至最小值。两供试品种相比，在各氮素处理下各个取样时期，品种 XY688 叶面积指数均显著高于品种 JF2。吐丝期，XY688 和 JF2 在各处理下平均叶面积指数分别为 4.78 和 4.38；完熟期，XY688 和 JF2 各处理下平均叶面积指数分别为 2.60 和 2.15。与吐丝期相比，完熟期 XY688 和 JF2 各处理平均叶面积指数分别降低 45.61% 和 51.00%，以 JF2 叶面积指数的降幅较大。吐丝期，US7 处理（常规和缓释尿素配施）下，XY688 和 JF2 的叶面积指数分别为 4.79 和 4.36；完熟期，该氮素处理下上述玉米品种的叶面积指数分别为 3.01 和 2.13。与吐丝期相比，完熟期 XY688 和 JF2 叶面积指数分别降低 37.20% 和 51.28%。结果表明，与单施常规尿素（CK）相比，US7 处理下玉米花后叶面积指数增加，表明常规和缓释尿素配施可以延缓玉米生育后期植株叶片的衰老，维持相对较大的光合同化面积。

5.2.2　常规和缓释尿素配施对玉米叶片光合速率的影响

从图 5-2 可知，各氮素处理下供试两品种穗位叶光合速率在吐丝期达到最高值，之后开始下降，在完熟期降至最低值。对两个品种比较可知，在各氮素处理和取样时期，XY688 穗位叶光合速率均显著高于 JF2。开花期，各处理下 XY688 和 JF2 穗位叶的平均叶片光合速率分别为 32.45 μmol CO_2 m^2/s 和 29.66 μmol $CO_2 m^2/s$；完熟期，各处理下上述品种穗位叶平均叶片光合速率分别为 18.45 μmol CO_2 m^2/s 和 15.79 μmol $CO_2 m^2/s$。与开花期相比，完熟期 XY688 和 JF2 各处理下平均叶片光合速率分别降低

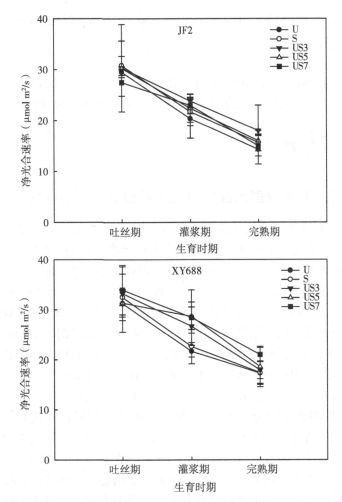

图 5-1 常规和缓释尿素配施对玉米叶面积指数和光合速率的影响（2020 年）

43.15% 和 46.76%，表现为氮高效品种 XY688 植株穗位叶光合碳同化能力随着籽粒灌浆进程的下降幅度较小。比较各氮素处理可知，供试品种穗位叶在 US7 处理下的光合速率最大，均高于其他处理。其中在开花期，US7 处理下 XY688 和 JF2 的叶片光合速率分别为 33.95μmol CO_2 m²/s 和 32.35 μmol CO_2 m²/s；在完熟期，该氮素处理下 XY688 和 JF2 穗位叶光合速率分别为 21.00 μmol CO_2 m²/s 和 19.00 μmol CO_2 m²/s。与开花期相比，该氮素处理下完熟期 XY688 和 JF2 叶片光合速率分别降低 43.15% 和 45.85%。研究表明，与各氮素处理下的供试玉米生育后期叶面积指数表现特征相似，常规和缓释尿素配施处理能有效提高玉米花后光合速率，且该处理改善氮高效玉米品种光合碳同化能力优于氮低效玉米品种。玉米光合速率的提高，对于促进植株干物质生产，进而改善穗粒发育和产量形成具有重要调控作用。

5.2.3 常规和缓释尿素配施对玉米叶片全氮含量的影响

从图5-2可知，从拔节期至大喇叭口期，各氮素处理下供试玉米品种的叶片全氮含量随着生育进程呈缓慢增加趋势，之后不断下降，至完熟期降至一生中最低值。吐丝期，各氮素处理间的叶片全氮含量无显著差异。但与其他处理相比，US7处理下供试玉米品种的叶片全氮含量显著降低。研究表明，与常规尿素对照相比，US7处理（常规和缓释尿素配施）降低了供试

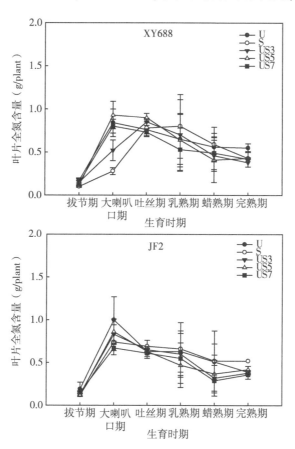

图5-2　常规和缓释尿素配施对玉米全氮含量的影响（2020年）

玉米品种各生育时期的叶片全氮含量。吐丝期到完熟期，与 JF2 相比，XY688 在各氮素处理下均维持相对较高的叶片全氮含量（图 5-1）。表明氮高效品种 XY688 叶片氮素积累和代谢能力相对较强，通过保持较高的全氮含量，为维持良好的光合物质生产和产量形成能力奠定有利条件。

5.2.4 常规和缓释尿素配施对玉米叶片氮代谢酶活性的影响

从图 5-3 可知，在各氮素处理和取样时期，不同玉米品种的氮同化酶活性存在较大差异，表现为氮高效品种 XY688 的叶片 NR 活性均显著大于 JF2。开花—花后 40 d，各供试品种叶片的 NR 活性呈增加趋势；花后 40~50 d，供试玉米品种叶片 NR 活性则表现为随着生育进程不断降低。开花期，U 处理（CK）下，两供试玉米品种的叶片 NR 活性分别为 0.21 U/g 和 0.32 U/g；S 处理下，分别为 0.16 U/g 和 0.14 U/g；US7 处理下，分别为 0.24 U/g 和 0.22 U/g；US5 处理下，分别为 0.20 U/g 和 0.20 U/g；US3

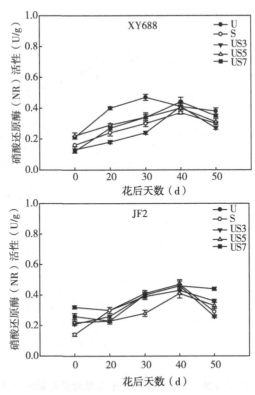

图 5-3　常规和缓释尿素配施对花后玉米硝酸还原酶活性的影响（2020 年）

处理下，分别为 0.23 U/g 和 0.19 U/g。花后 30 d，U 处理下，两供试玉米品种的叶片 NR 活性分别为 0.47 U/g 和 0.39 U/g；S 处理下，分别为 0.30 U/g 和 0.41 U/g；US7 处理，分别为 0.34 U/g 和 0.32 U/g；US5 处理下，分别为 0.34 U/g 和 0.28 U/g；US3 处理下，分别为 0.30 U/g 和 0.32 U/g。花后 50 d，U 处理下，两个品种的叶片 NR 活性分别为 0.38 U/g 和 0.36 U/g；S 处理下，分别为 0.30 U/g 和 0.29 U/g；US7 处理下，分别为 0.35 U/g 和 0.32 U/g；US5 处理下，分别为 0.31 U/g 和 0.30 U/g；US3 处理下，分别为 0.27 U/g 和 0.26 U/g。上述结果表明，与单独施肥的 U 和 S 处理相比，常规和缓释尿素配施后，供试玉米品种生育后期叶片 NR 活性降低。其中，US7 处理下供试品种的 NR 活性大于 US3 和 US5 处理。表明不同施氮处理对玉米生育后期植株体内的硝酸还原酶活性具有较大影响。

从图 5-4 可知，在各氮素处理和取样时期，氮高效玉米品种 XY688 的叶片 GS 活性均显著大于氮低效品种 JF2。由开花—花后 40 d，各处理下供试品种的叶片 GS 活性呈增加趋势，花后 40~50 d，叶片 GS 活性则表现为随着籽粒灌浆进程不断降低。开花期，U 处理下，供试两玉米品种的叶片 GS 活性分别为 1.46 U/g 和 1.56 U/g；S 处理下，分别为 1.46 U/g 和 1.16 U/g；US7 处理下，分别为 1.46 U/g 和 1.13 U/g；US5 处理下，分别为 1.15 U/g 和 1.48 U/g；US3 处理下，分别为 1.36 U/g 和 1.22 U/g。花后 30 d，U 处理下，两供试玉米品种的叶片 GS 活性分别为 2.04 U/g 和 1.86 U/g；S 处理下，分别为 1.69 U/g 和 1.62 U/g；US7 处理下，分别为 1.95 U/g 和 1.83 U/g；US5 处理下，分别为 1.65 U/g 和 1.70 U/g；US3 处理下，分别为 1.82 U/g 和 1.53 U/g。花后 50 d，U 处理下，两供试品种的叶片 NR 活性分别为 1.92 U/g 和 1.72 U/g；S 处理下，分别为 1.89 U/g 和 1.72 U/g；US7 处理下，分别为 1.90 U/g 和 1.81 U/g；US5 处理下，分别为 1.61 U/g 和 1.74 U/g；US3 处理下，分别为 1.89 U/g 和 1.70 U/g。结果表明，与单独施肥 U 和 S 处理相比，常规和缓释尿素配施处理下，玉米生育后期叶片 GS 活性增加。其中，US7 处理对提高花后叶片 GS 活性效果大于 US3 和 US5 处理。

从图 5-5 可知，在各氮素处理和取样时期，不同氮效率玉米品种的 GOGAT 活性具有较大差异，表现为氮高效品种 XY688 均显著大于氮低效品种 JF2。在开花—花后 40 d，各氮素处理下供试玉米品种叶片 GOGAT 活性呈增加趋势，花后 40~50 d，随着籽粒灌浆进程不断降低，供试品种的叶片 GOGAT 活性呈降低趋势。开花期，U 处理下，两供试玉米品种的叶片 GOGAT

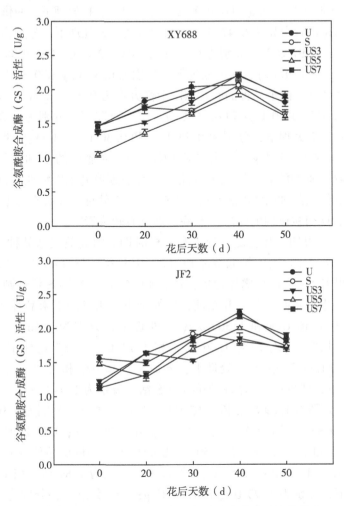

图 5-4 常规和缓释尿素配施对花后玉米谷氨酰胺合成酶活性的影响（2020 年）

活性分别为 0.32 U/g 和 0.34 U/g；S 处理下，分别为 0.30 U/g 和 0.33 U/g；US7 处理下，分别为 0.30 U/g 和 0.25 U/g；US5 处理下，分别为 0.23 U/g 和 0.24 U/g；US3 处理下，分别为 0.23 U/g 和 0.22 U/g。花后 30 d，U 处理下，两供试品种的叶片 GOGAT 活性分别为 0.45 U/g 和 0.45 U/g；S 处理下，分别为 0.44 U/g 和 0.33 U/g；US7 处理下，分别为 0.43 U/g 和 0.38 U/g；US5 处理下，分别为 0.40 U/g 和 0.39 U/g；US3 处理下，分别为 0.35 U/g 和 0.37 U/g。花后 50 d，U 处理下，两供试品种的叶片 GOGAT 活性分别为

0.41 U/g 和 0.38 U/g；S 处理下，分别为 0.35 U/g 和 0.35 U/g；US7 处理下，分别为 0.38 U/g 和 0.34 U/g；US5 处理下，分别为 0.35 U/g 和 0.32 U/g；US3 处理下，分别为 0.34 U/g 和 0.32 U/g。上述结果表明，与前述的不同氮素处理下生育后期 GS 表现相似，与单独施肥 U 和 S 处理相比，常规和缓释尿素配施后，玉米叶片 GOGAT 活性增加。各氮素处理中，US7 处理下供试品种的花后叶片 GOGAT 活性大于 US3 和 US5 处理。因此，常规和缓释尿素配施对于增强植株生育后期的氮素同化能力发挥着重要调控作用。

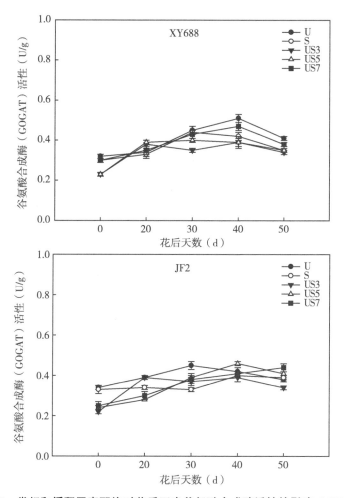

图 5-5　常规和缓释尿素配施对花后玉米谷氨酸合成酶活性的影响（2020 年）

从图 5-6 可知，各氮素处理下两供试玉米品种的叶片 GDH 活性表现为随着生育进程呈增加的趋势。开花期，U 处理下，两供试玉米品种的叶片 GDH 活性分别为 0.044 U/g 和 0.041 U/g；S 处理下，叶片 GDH 活性分别为 0.029 U/g 和 0.045 U/g；US7 处理下，叶片 GDH 活性分别为 0.045 U/g 和 0.033 U/g；US5 处理下，叶片 GDH 活性分别为 0.044 U/g 和 0.038 U/g；US3 处理下，叶片 GDH 活性分别为 0.021 U/g 和 0.045 U/g。花后 30 d，U 处理下，两品种的叶片 GDH 活性分别为 0.093 U/g 和 0.089 U/g；S 处理下，叶片 GDH 活性分别为 0.078 U/g 和 0.079 U/g；US7 处理下，叶片 GDH 活性分别为 0.078 U/g 和 0.063 U/g；US5 处理下，叶片 GDH 活性分别为 0.070 U/g 和 0.063 U/g；US3 处理下，叶片 GDH 活性分别为 0.086 U/g 和 0.074 U/g。花后 50 d，U 处理下，两品种的叶片 GDH 活性分别为 0.087 U/g 和 0.092 U/g；S 处理下，叶片 GDH 活性分别为 0.095 U/g 和 0.102 U/g；US7 处理下，叶片 GDH 活性分别为 0.092 U/g 和 0.089 U/g；US5 处理下，叶片 GDH 活性分别为 0.080 U/g 和 0.080 U/g；US3 处理下，叶片 GDH 活性分别为 0.077 U/g 和 0.084 U/g。研究表明，与单独施肥 U 和 S 处理相比，常规和缓释尿素配施后叶片 GDH 活性降低。但各配施处理对花后叶片 GDH 活性的影响不同，表现为 US7 处理下供试玉米品种的该氮素同化酶活性大于 US3 和 US5 处理。

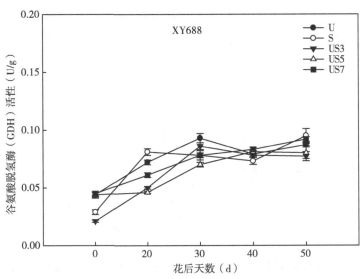

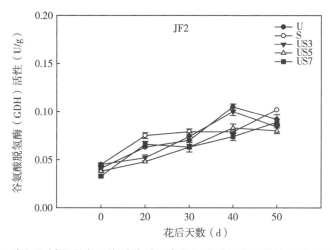

图 5-6　常规和缓释尿素配施对花后玉米谷氨酸脱氢酶活性的影响（2020 年）

从图 5-7 可知，在所有氮素处理下，籽粒灌浆期各取样时期，氮高效玉米品种 XY688 的叶片 GOT 活性均显著大于 JF2。开花—花后 40 d，各氮素处理及供试品种表现为叶片 GOT 活性呈增加趋势，花后 40~50 d，则表现为叶片的 GOT 活性随着籽粒灌浆进程不断降低。开花期，U 处理下，两供试品种的叶片 GOT 活性分别为 2.00 U/g 和 1.83 U/g；S 处理下，叶片 GOT 活性分别为 2.42 U/g 和 1.92 U/g；US7 处理下，叶片 GOT 活性分别为 2.42 U/g 和 1.92 U/g；US5 处理下，叶片 GOT 活性分别为 2.02 U/g 和 1.62 U/g；US3 处理下，叶片 GOT 活性分别为 2.42 U/g 和 1.92U/g。花后 30 d 取样结果表明，U 处理下，两品种的叶片 GOT 活性分别为 3.21 U/g 和 2.87 U/g；S 处理下，叶片 GOT 活性分别为 2.84 U/g 和 2.72 U/g；US7 处理下，叶片 GOT 活性分别为 2.98 U/g 和 2.53 U/g；US5 处理下，叶片 GOT 活性分别为 2.82 U/g 和 2.65U/g；US3 处理下，叶片 GOT 活性分别为 2.70 U/g和 2.11 U/g。花后 50 d 取样结果表明，U 处理下，两供试品种的叶片 GOT 活性分别为 2.78 U/g 和 2.58 U/g；S 处理下，叶片 GOT 活性分别为 2.72 U/g 和 2.57 U/g；US7 处理下，叶片 GOT 活性分别为 2.92 U/g 和 2.68 U/g；US5 处理下，叶片 GOT 活性分别为 2.61 U/g 和 2.42 U/g；US3 处理下，叶片 GOT 活性分别为 2.88 U/g 和 2.57 U/g。上述结果表明，与单独施肥 U 和 S 处理相比，常规和缓释尿素配施，对不同氮效率玉米品种生育后期的叶片 GOT 活性具有提升效果。其中 US7 处理下，玉米花后叶片

GOT 活性大于 US3 和 US5 处理。

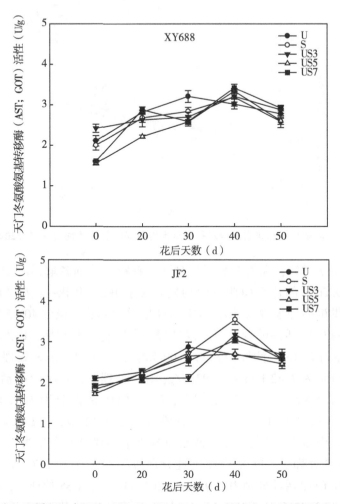

图 5-7　常规和缓释尿素配施对花后玉米天门冬酸氨基转移酶活性的影响（2020 年）

从图 5-8 可知，与前述的氮素同化酶活性表现特征相似，在所有氮素处理和取样时期，氮高效玉米品种 XY688 生育后期的叶片蛋白酶活性均显著大于氮低效品种 JF2。开花—花后 40 d，各氮素处理下供试玉米品种额叶片蛋白酶活性呈增加趋势，花后 40~50 d，叶片蛋白酶活性则呈降低趋势。开花期，U 处理下两供试品种（XY688 和 JF2）的叶片蛋白酶活性分别为 4.32 U/g 和 4.98 U/g；S 处理下，叶片蛋白酶活性分别为 3.98 U/g 和4.08 U/g；US7 处理下，叶片蛋白酶活性分别为 0.30 U/g 和 0.25 U/g；US5 处理下，叶片蛋白酶活性分别为 4.18 U/g 和 3.63 U/g；US3 处理下，叶片蛋白酶活性分别为 3.78 U/g 和 3.85 U/g。花后 30 d 取样结果表明，U 处理下，两供试品种的叶片蛋白酶活性分别为 6.61 U/g 和 6.69 U/g；S 处理下，叶片蛋白酶活性分别为 7.06 U/g 和 5.56 U/g。US7 处理下，叶片蛋白酶活性分别为 6.45 U/g 和 6.20 U/g；US5 处理下，叶片蛋白酶活性分别为 6.58 U/g 和 6.14 U/g；US3 处理下，叶片蛋白酶活性分别为 6.34 U/g 和 5.04 U/g。花后 50 d 取样结果表明，U 处理下，两供试品种的叶片蛋白酶活性分别为 5.44 U/g 和 4.82 U/g；S 处理下，叶片蛋白酶活性分别为 4.62 U/g 和 4.25 U/g；US7

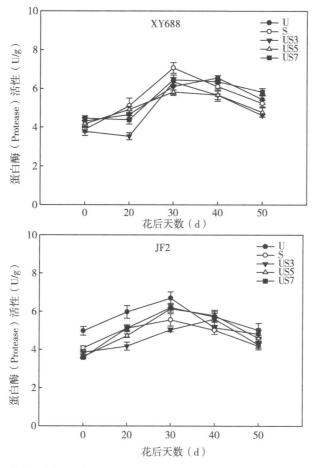

图 5-8　常规和缓释尿素配施对花后玉米叶片蛋白酶活性的影响（2020 年）

处理下，叶片蛋白酶活性分别为 5.82 U/g 和 5.02 U/g；US5 处理下，叶片蛋白酶活性分别为 4.78 U/g 和 4.60 U/g；US3 处理下，叶片蛋白酶活性分别为 4.78 U/g 和 4.60 U/g。上述结果表明，与单独施肥 U 和 S 处理相比，常规和缓释尿素配施后，能有效增加不同氮效率玉米品种籽粒灌浆期间的叶片蛋白酶活性。该生育阶段叶片蛋白酶活性的提高，对于加快叶片等营养器官贮存的蛋白质加速分解向籽粒库器官调运、提高籽粒氮利用效率和氮收获指数具有重要调控作用。

5.2.5 常规和缓释尿素配施对玉米叶片内源激素含量的影响

从图 5-9 可知，不同氮素处理下，供试玉米品种籽粒灌浆期间的叶片 IAA 含量呈先增加后降低的趋势。两供试品种相比，生育后期叶片 IAA 含量对生育期进程的响应不同。其中，XY688 的叶片 IAA 含量在开花—花后30 d 呈增加趋势，花后 30~50 d 随着生育进程不断降低。JF2 则表现为其叶片 IAA 含量在开花至花后 40 d 呈增加趋势，至花后 50 d 降低。此外，在所有氮素处理和取样时期，氮高效品种 XY688 的叶片 IAA 含量均显著大于氮低效品种 JF2（前者各处理、取样时期叶片平均 IAA 含量比 JF 提高 10.89%）。对各处理比较可知，US7 处理下，两供试品种的叶片 IAA 含量与其他氮素处理相比均有所提高。该处理下，XY688 的叶片 IAA 含量比 US5、US3 处理分别高 17.20% 和 14.47%；JF2 的叶片 IAA 含量则比 US5、US3 处理分别高 24.84% 和 5.27%。

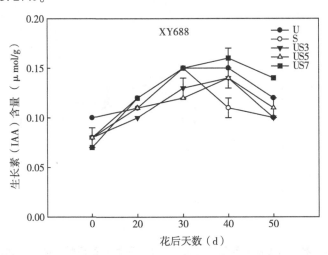

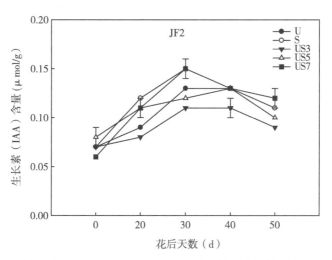

图 5-9 常规和缓释尿素配施对花后玉米叶片生长素含量的影响（2020 年）

研究发现，在开花期，US7 处理下，XY688 和 JF2 的叶片 IAA 含量分别为 0.07 μmol/g 和 0.06 μmol/g。花后 40 d，该氮素处理下上述品种叶片 IAA 含量分别为 0.16 μmol/g 和 0.13 μmol/g。花后 50 d，该氮素处理下上述品种叶片 IAA 含量分别为 0.14 μmol/g 和 0.12 μmol/g。此外，在 US7 处理下，与花后 40d 相比，XY688 和 JF2 花后 50d 的叶片 IAA 含量分别降低 11.39% 和 7.93%。结果表明，US7 处理下，不同氮效率玉米品种在植株生育后期均保持较高的叶片 IAA 含量，显著提高的玉米花后叶片 IAA 含量对于延缓玉米植株衰老和改善穗粒发育中发挥重要的调控效应。

从图 5-10 可知，供试玉米品种各氮素处理下生育后期叶片 GA 含量呈先增加后降低趋势。与生育后期 IAA 含量在品种间表现差异类似，两供试玉米品种的叶片 GA 含量对生育期进程的响应也有所不同。其中，氮高效品种 XY688 的叶片 GA 含量在开花—花后 30d 呈增加趋势，花后 30~50 d 随着生育进程不断降低；氮低效玉米品种 JF2 的叶片 GA 含量在开花至花后 40 d 增加，花后 40~50 d 降低。对两品种比较可知，XY688 生育后期的叶片 GA 含量低于 JF2，且前者在各氮素处理下各取样时期的叶片平均 GA 含量低于后者（降幅 5.63%）。对各氮素处理比较可知，US7 处理下，两品种的叶片 GA 含量均表现为明显高于其他处理。该处理下，XY688 的叶片 GA 含量比 US5、US3 处理分别提高 6.20% 和 2.37%；JF2 的叶片 GA 含量比 US5、US3 处理分别提高 18.83% 和 9.03%。

研究发现，在开花期，US7 处理下 XY688 和 JF2 的叶片 GA 含量分别为 644.44 μmol/g 和 590.89 μmol/g。花后 40 d，该氮素处理下 XY688 和 JF2 的叶片 GA 含量分别为 1 026.04 μmol/g 和 1 218.71 μmol/g。花后 50 d，该氮素处理下上述品种的叶片 GA 含量分别为 931.26 μmol/g 和 1 012.69 μmol/g。与花后 40 d 相比，US7 处理下 XY688 和 JF2 花后 50 d 的叶片 GA 含量分别降低 9.24% 和 16.90%。结果表明，US7 处理对生育后期 XY688 和 JF2 叶片 GA 含量具有正向调控效应。该处理能显著提高玉米花后叶片 GA 的含量表明，常规和缓释尿素配施具有改善植株延缓衰老的调控效应。

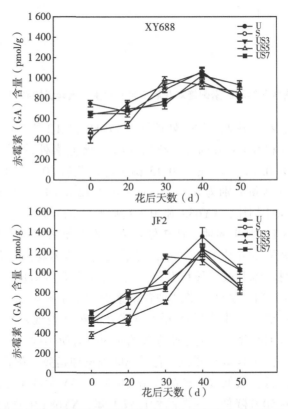

图 5-10　常规和缓释尿素配施对花后玉米叶片赤霉素含量的影响（2020 年）

从图 5-11 可知，不同施氮处理下，两供试玉米品种籽粒灌浆期间的叶片 ABA 含量对生育期进程具有类似的响应特征。两品种的叶片 ABA 含量均表现为，在开花—花后 30 d 呈降低趋势，花后 30~50 d 随着生育进程不断增加。不同供试品种相比，氮高效玉米品种 XY688 在各取样时期的叶片

ABA 含量均高于氮低效品种 JF2。US7 处理下，XY688 开花至花后 30d 的叶片 ABA 含量低于其他处理，在花后 30~50 d 的 ABA 含量则高于其他处理。JF2 开花至花后 50d 的叶片 ABA 含量高于其他处理。该处理下 XY688 的叶片 ABA 含量比 US5、US3 处理分别高 0.85% 和 12.26%，而 JF2 的叶片 ABA 含量比 US5、US3 处理分别高 9.88% 和 6.48%。此外，在该氮素处理下，与开花期相比，XY688 和 JF2 花后 30d 的叶片 ABA 含量分别降低 39.21% 和 30.65%；而花后 50d 上述品种的叶片 ABA 含量分别较开花期增加 19.03% 和 4.84%。结果表明，US7 处理下，XY688 和 JF2 在花后各时期的能保持较高的叶片 ABA 含量，在各常规和缓释尿素配施中，以 US7 处理提高玉米花后叶片 ABA 含量更为明显。

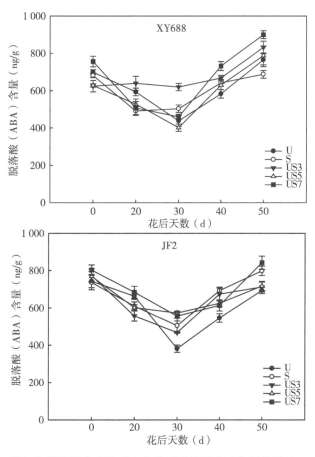

图 5-11　常规和缓释尿素配施对玉米花后叶片脱落酸含量的影响（2020 年）

从图 5-12 可知，在玉米花后生长阶段，供试玉米品种的叶片 ZA 含量表现为随着籽粒灌浆进程呈先增加后降低趋势。研究表明，两供试玉米品种叶片 ZA 含量对生育期进程的响应存在差异。其中，氮高效品种 XY688 的叶片 ZA 含量在开花—花后 40 d 呈增加趋势，花后 40~50 d 降低；氮低效品种 JF2 的叶片 ZA 含量在开花—花后 30 d 呈增加趋势，以后至花后 50 d 随着生育进程不断降低。对各处理比较可知，US7 处理下，两品种的叶片 ZA 含量与其他氮素处理相比均表现为具有较强的优势。表现为该氮素处理下，XY688 的叶片 ZA 含量比 US5、US3 处理分别高 3.13% 和 3.26%；JF2 的叶片 ZA 含量比 US5、US3 处理分别高 10.50% 和 10.76%。此外，在 US7 处理下，与开花期相比，XY688 和 JF2 花后 30 d 的叶片 ZA 含量分别增加 10.93% 和 60.82%；花后 50 d 的叶片 ZA 含量分别增加 28.53% 和 32.05%。上述结果表明，US7 处理有利于增强不同氮效率玉米品种植株花后各时期的叶片 ZA 含量。

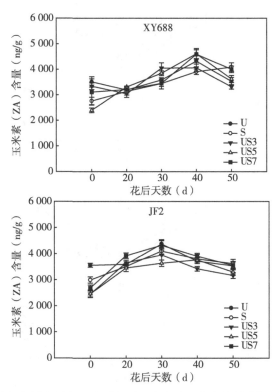

图 5-12　常规和缓释尿素配施对花后玉米叶片玉米素含量的影响（2020 年）

5.3 讨论

作物植株吸收的氮素营养，需要在一系列氮代谢酶（GS、GOGAT、GOT 及 GDH）催化下形成各种功能含氮化合物与籽粒贮藏物质。其中，GS 和 GOGAT 偶联形成的循环反应是作物氮代谢的主要途径，是整个氮代谢的中心。此外，通过氨基交换作用（例如 GOT）以及 GDH 参与的生化途径，是植株氮代谢的重要支路，尤其在植株对氨态氮的利用和同化过程中发挥重要作用。金容等（2018）研究发现，与常规施肥（100%常规尿素）相比，常规和缓释尿素配施可相应提高玉米吐丝期和灌浆期功能叶的氮代谢关键酶活性。其中，以 25%常规尿素+75%控释尿素处理，植株体内的氮同化酶活性提高最为明显。本试验同设置常规和缓释尿素配施处理，研究了上述氮素配施处理对不同氮效率玉米品种植株生育后期氮同化酶活性的影响。结果表明，与单施常规尿素施氮对照相比，常规尿素和缓释尿素配施处理，氮高效品种 XY688 和氮低效品种 JF2 吐丝期和灌浆期的叶片 NR、GS、GOGAT 和 GDH 氮代谢关键酶活性均呈增大趋势。这主要是由于，常规尿素前期释放较快，肥效期相对较短；而常规尿素配施缓释尿素能有效降低或控制养分释放速率，减少肥料挥发和淋溶损失，肥效期相对较长，改善生育中后期玉米植株的氮素营养供应引起的。因此，表明控释肥与常规尿素配施对玉米中后期氮代谢有一定的促进作用，这与前人报道的氮素配施处理有利于提高玉米叶片花后叶片氮代谢酶活性，增加玉米氮素积累量的结果相吻合。

叶片是植株光合作用的主要场所，该器官生物学功能直接与植株体内的营养状况密切相关。叶面积指数和叶绿素含量与叶片的光合能力也具有紧密联系。适宜叶面积指数可增加作物群体对光能的截获，充分发挥群体水平上植株产量潜力，促进干物质积累和提高产量。此外，植物激素在调控植物生长发育中起重要作用。植株体内内源激素协调平衡，可改善叶片结构，增加叶绿素含量，提高作物群体对光能的截获率，促进干物质积累和籽粒产量的形成。施氮量和施氮方式对玉米植株内源激素含量和平衡特征具有显著影响。增施氮肥可以增加植株细胞分裂素含量，降低叶片内部 ABA 含量，提高叶片叶面积指数和 SPAD 值，进而促进叶片光合作用。本研究中，可见在玉米整个花后生长阶段，常规和缓释尿素配施 US7 处理下，氮高效和低效不同氮效率类型玉米品种的叶片中生长素 IAA 和赤霉素 GA 均较单施尿素对照相比显著提高。因此，常规和缓释尿素配施通过增强植株体内延衰类植物激素合成代谢，在提高叶片 LAI 和光合速率，进而促进夏玉米生育后期植株干物质生产和产量形成中发挥重要作用。

5.4 小结

与氮低效玉米品种 JF2 相比，氮高效玉米品种 XY688 生育后期具有较强的叶片 NR、GS、GOGAT、GOT 及 GDH 等氮代谢关键酶活性，叶片 IAA 和 GA 等内源激素含量提高，该氮高效品种的叶片 LAI 和光合速率也明显高于前者氮低效玉米品种。

US7 处理能显著提高玉米中后期叶片 NR、GS、GOGAT、GOT 及 GDH 等氮代谢关键酶活性，增加夏玉米生育后期叶片 IAA 和 GA 等延衰类内源激素含量，对于增强玉米 LAI 和光合速率，进而促进生育后期光合物质生产和产量形成能力中发挥重要作用。

6 不同氮效率玉米品种叶片氮代谢相关基因对氮肥的响应特征

在明确品种和施肥方式对夏玉米植株产量形成与氮效率、植株氮代谢特征的基础上，明确不同氮效率玉米品种叶片氮代谢相关基因对氮肥的响应特征具有重要意义。本研究旨在以上述不同氮高效品种玉米品种为材料，采用基因表达分析技术，结合基因特异引物，揭示叶片中氮同化相关基因应答氮肥种类的表达模式。

6.1 材料与方法

6.1.1 试验材料

供试材料为前述的氮高效玉米品种先玉 688（XY688）和氮低效玉米品种极峰 2 号（JF2）。

6.1.2 试验设计

试验于 2020 年进行。采用裂区设计，施氮处理为主区，设置施氮处理 4 个，分别为：不施氮（CK）、农民习惯施氮（FP，240 kg N/hm²）、推荐施氮（OPT，180 kg N/hm²）、聚天门冬氨酸螯合氮肥（PASPN，180 kg N/hm²）。应用的聚天门冬氨酸螯合氮肥由湖北三宁化工有限公司生产，采用高分子网捕技术，该肥料控释性能好，可在生育期间为作物持续不断提供养分。FP 处理的施氮量为 240 kg 纯 N/hm²，OPT 和 PASPN 处理的施氮量为 180 kg 纯 N/hm²，各处理磷、钾肥施用量相同，分别为 90 kg P₂O₅/hm² 和 90 kg K₂O/hm²，所有肥料在玉米播前一次性基施到土壤中。品种为副区，包括氮高效品种 XY688 和 JF2，3 次重复。每个小区 6 行，行长 20 m，行距 0.60 m，小区面积为 60m²。各氮素处理下供试玉米品种于苗期留苗 675 000 株/hm²，60 cm 等行距播种。田间除草、植保等管理同当地大田生产。

6.1.3　田间取样及标记

在吐丝期，各氮素处理和供试品种选择同一时期吐丝的植株，标记 20 株。于吐丝期、灌浆期和完熟期，各小区选取生长均一有代表性的植株 6 株，将植株穗位叶除去叶脉后，用锡箔纸包好后置于液氮中，于实验室 -80℃超低温冰箱中保存备用。

6.1.4　基因相对表达量测定

（1）玉米总 RNA 提取

采用下述步骤，对保存的不同氮素处理及供试玉米品种各取样时期样本进行总 RNA 提取。方法如下。

取 100 mg 置于超低温保存的叶片样本。

将高温高压灭菌 2 h 的研钵置于液氮中预冷，将玉米叶片转移到预冷完成的研钵中快速研磨成粉末状。样本研磨过程中，保证研钵中始终存有液氮，防止样本 RNA 降解。

将研磨好的玉米样品转移到液氮预冷的无 RNase 酶的 2 mL 离心管中，加入 1 mL Trziol 试剂，涡旋混匀，室温放置 10 min。

加入 0.24 mL 氯仿，涡旋 10 s，静置 5 min。

4℃下，12 000 r/min 离心 15 min。小心吸取上清液至新的 1.5mL 离心管中。向上清液中加入一半体积的氯仿，涡旋混匀，静置 5 min。

4℃下，12 000 r/min 离心 10 min 后置于冰上，加入 0.6 倍体积的异丙醇，充分混匀后在室温下静置 10 min。

4℃下，12 000 r/min 离心 10 min，弃上清液。加入 75% 乙醇漂洗沉淀 2~3 次后，将离心管放到超净台里彻底吹干。

向离心管中加入 30 μL DEPC 水溶解样本 RNA，将提取的 RNA 放入 -80℃超低温冰箱中保存备用。

（2）RNA 质量检测

采用下述方法，对提取的叶片样本 RNA 质量和完整性进行检测。

1.2% 琼脂糖凝胶制作：称取 0.48 g 琼脂糖，置于 100 mL 锥形瓶中，加入 40 mL 0.5XTBE 电泳缓冲液，加热煮沸至琼脂糖完全溶解，当溶液变为澄清透明冷却至 60℃，加入少量溴化乙啶（EB）溶液混匀。将琼脂糖溶液倒入玻璃电泳槽中，插上梳子，待琼脂糖凝胶冷却凝固备用。

凝胶电泳检测：将制备好的琼脂糖凝胶拔出梳子后，放入电泳槽中，向电泳槽中加入 0.5XTBE 电泳缓冲液至缓冲液完全没过 1.2% 的琼脂糖凝胶。取 1 μL 提取的 RNA 置于 1.5 mL 的离心管中，加入 2 μL 5X RNA loading buffer，再加 7 μL ddH_2O 混匀。将混匀的 RNA 溶液加入胶孔中，150 V 电压电泳 15 min。电泳后，用照胶仪检测 RNA 分离结果。

rRNA 大小分别约为 5 kb 和 2 kb，分别对应于 28S rRNA 和 18S rRNA；植物 RNA 样品中最大 rRNA 28S rRNA 数量应为次大 rRNA 18S rRNA 1.5 ~ 2.0 倍。RNA 检测出现弥散片状或条带消失，表明样品严重降解。

纯度：高质量的 RNA，OD_{260}/OD_{280} 读数在 1.8 ~ 2.1，比值 2.0 时，是高质量 RNA 样本的标志。

浓度：取少量的 RNA 样本，用 RNase-Free 的 ddH_2O 稀释 500 倍后，用 RNase-Free ddH_2O 将分光光度计调零，取稀释液进行 OD_{260} 和 OD_{280} 测定，按照以下公式进行 RNA 浓度计算：终浓度（ng/μL）=（OD_{260}）×（稀释倍数 n）×40。

（3）基因组 DNA 去除反应

在 0.2 mL 的 PCR 管中按表 6-1 反应体系配制反应液，去除可能在提取 RNA 中的污染基因组 DNA。

表 6-1　去除基因组 DNA 反应体系

名称	用量（μL）
RNase Free dH_2O	5.0
Total RNA	2.0
5×gDNA Eraser Buffer	2.0
gDNA Eraser	1.0

将配置好反应液的 PCR 管放入 PCR 仪，42℃ 2 min（或室温 5min），再于 4℃ 保存 5 min 后取出。

（4）反转录合成 cDNA 反应

向步骤 3 的反应液中按表 6-2 加入反应试剂，按照反转录程序，37℃ 进行 15 min 总 RNA 中 mRNA 分子反转录反应。反应程序如下：85℃ 5 s，4℃ 5min。

表 6-2　反转录合成 cDNA 反应体系

名称	用量（μL）
RT Primer Mix	4.0
5×PrimeScrpt Buffer 2	4.0
RNase Free dH$_2$O	1.0
PrimeScrpt Enzyme Mix	1.0

（5）Real Time PCR

用 SYBR Green 作为荧光染料，采用玉米组成型表达基因 *ZmACT*1 作为对供试目标基因的均一化内参。供试基因引物采用 Primer 5.0 进行设计。用于本研究表达分析的供试候选基因包括参与玉米植株体内氮素同化代谢的相关家族基因，包括硝酸还原酶基因 *ZmNR*、谷氨酰胺合成酶基因 *ZMGS*1.1、*ZmGS*1.2、*ZmGS*1.3、*ZmGS*1.4 和 *ZMGS*2、玉米 GOGAT 基因 *ZmGOGAT*、玉米 GDH 基因 *ZmGDH*、玉米 ASPAT 基因 *ZmASPAT* 和玉米衰老相关家族 *See2β* 基因 *ZmSee2β*。上述玉米氮同化家族基因及内参基因引物见表 6-3。

表 6-3　Real-Time PCR 的引物序列

基因名称	引物
ZmNR	Forward – TGGCCAATTCTTTCGTCGTG Reverse – TGGCAAGTCGGCTGGTTTAT
*ZmGS*1.1	Forward – GCATGTGCATTCTCGAGGGA Reverse – TGGAAGCACAGCCAAACGTA
*ZmGS*1.2	Forward – TCATGTGCGACTGCTACGAG Reverse – CCTGAGGGCCAGGGTACG
*ZmGS*1.3	Forward – AGCTAGATCATCCGGGGTCA Reverse – ACATAAACGCCACACGTCTT
*ZmGS*1.4	Forward – TCCGTCCACTTCCTTCCTGT Reverse – GCCAGCAAAAGGATTACACCA
*ZmGS*2	Forward – TTATATACGCCGTCCGCGCC Reverse – GAGACCTCACCTGTGACGAGC
ZmGAGOT	Forward – GACGGTGGATTCAGGAGTGG Reverse – ACCAGGAAACCTTGCACGAA
ZmGDH	Forward – AGATCCAGAGGCAGACGAGA Reverse – CACATCTGCTTCACGTTTCCA

（续表）

基因名称	引物
ZmASPAT	Forward – GCTGGCGTACGGAGAAGATT Reverse – GTTGGACCACGTTGGTGTTG
ZmSee2β	Forward – GTTCCACCGTCGTTCCAGAT Reverse – AGCAGTAACGCGTCCTTCAT
*ZmACT*1	Forward – CAGACATAGACCCAAACCCGAT Reverse – ACAGTTGCCCATTGTCAAAGAA

反转录反应后，选择 SYBR Premix ExTaq 进行 Real Time PCR 反应。应用 Applied Biosystems 7500 扩增仪的操作方法，按以下反应体系进行 Real-Time PCR。方法如下：95℃ 预变性 2.5 min，95℃ 变性 15s，58℃ 退火 30s，72℃ 延伸 20s。40 个循环。各氮素处理及供试玉米品种各测定时期均进行 3 个生物学重复。采用 $2^{-\triangle\triangle CT}$ 方法，计算供试基因表达丰度。

表 6-4　Real-Time PCR 反应体系

名称	用量（μL）
SYBR Premix Ex Taq II（Tli）Rnase Plus）2×	10
PCR Forward Primer（10μM）	1
PCR Reverse Primer（10μM）	1
cDNA	1
RNase Free dH$_2$O	Up to 20

Real-Time PCR 过程如下：

A. 反应预混液配制

候选基因反应预混液配制：分别向 1.5mL 离心管中加入 315 μL RNase Free dH$_2$O，450 μL SYBR Premix Ex Taq II，45 μL PCR Forward Primer 和 45 μL PCR Reverse Primer，涡旋混匀后置于冰上备用。

β-acti 基因反应预混液配制：分别向 1.5 mL 离心管中加入 315 μL RNase Free dH$_2$O，450 μL SYBR Premix Ex Taq II，45 μL PCR Forward Primer 和 45 μL PCR Reverse Primer，涡旋混匀后置于冰上备用。

B. 分装预混液

分别将配置好的预混液分装到 Real-Time PCR 96 孔板中对应的位置，每孔加入 19 μL 预混液。

C. cDNA 样品稀释

将反转录合成的 cDNA 稀释 10 倍，将稀释后的 cDNA 加入 Real-Time PCR 板中与预混液混匀，每孔加入 1 μL。

D. 覆膜

将加好样品的 Real-Time PCR 板离心后，小心将 Real-Time PCR 板专用膜贴上。期间，避免在膜上留下印记，以免对 Real-Time PCR 荧光信号采集产生影响。最后将盖好膜的 Real-Time PCR 板放入仪器完成反应。

6.1.5 统计分析

采用 Microsoft Excel 2007 软件对数据进行处理，采用 SPSS 22.0 统计软件进行方差分析和多重比较等统计学分析。采用 Sigmaplot 10.0 软件作图。

6.2 结果与分析

6.2.1 生育后期玉米衰老相关基因的表达特征

ZmSee2β 基因是玉米叶片中与衰老协同的蛋白酶—豆荚蛋白家族基因，在调控叶片氮素向籽粒调运和分配中发挥着重要作用。结果表明，在开花期、乳熟期和完熟期，PASPN 处理下，与其他氮素处理相比，不同氮效率玉米品种（XY688 和 JF2）叶片 *ZmSee2β* 相对基因表达量降低，表明该处理具有下调 *ZmSee2β* 表达进而减慢玉米花后生育后期叶片衰老的效果。不同时期相比，各氮素处理下供试玉米品种的 *ZmSee2β* 相对基因表达量在开花期到乳熟期呈增加趋势，而乳熟期到完熟期随着生育进程下降（图 6-1）。在各氮素处理和测试时期，氮高效品种 XY688 叶片中 *ZmSee2β* 相对基因表达量均低于氮低效品种 JF2。其中，在开花期，JF2 各处理下叶片中 *ZmSee2β* 相对基因表达量分别是 XY688 的 1.25 倍（FT）、5.77 倍（OPT）和 1.51 倍（PASPN）；乳熟期，分别是 XY688 的 1.17（FT）、1.23（OPT）和 1.61 倍（PASPN）；完熟期，分别是 XY688 的 2.86（FT）、15.84（OPT）和 1.48（PASPN）倍。表明氮高效玉米品种 XY688 生育后期较大的光合同化面积，与其各氮素处理下 *ZmSee2β* 基因转录效率较低、减缓叶片衰老有关。

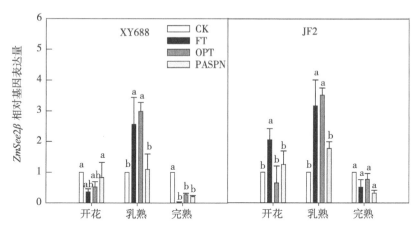

图 6-1 氮素处理对不同氮效率玉米品种相对 *ZmSee2β* 基因表达量的影响

6.2.2 生育后期玉米氮素同化相关基因的表达

开花期，不同氮素处理下供试两品种叶片硝酸还原酶（NR）基因具有较高水平的相对表达量（图 6-2）。该期各氮素处理下两品种叶片的 *ZmNR* 相对基因表达量无显著性差异。在乳熟期和完熟期，与品种 JF2 相比，XY688 具有更高的 *ZmNR* 相对基因表达量。对不同氮素处理比较可知，XY688 品种在 PASPN 处理下 *ZmNR* 相对基因表达量呈乳熟期表达下调，完熟期表达上调；在 FT 和 OPT 处理下 *ZmNR* 相对基因表达量在乳熟期和完熟期均表达下调。JF2 品种在 PASPN、FT 和 OPT 处理下该硝酸还原酶基因的相对基因表达量在乳熟期和完熟期均呈下调表达。其中，在乳熟期，PASPN 处理下，XY688 叶片 *ZmNR* 相对基因表达量较 JF2 叶片提高 4.44 倍（FT）、3.64 倍（OPT）和 7.04 倍（PASPN）（图 6-2）；在完熟期，PASPN 处理下，XY688 叶片 *ZmNR* 相对基因表达量为 JF2 叶片的 9.46 倍（FT）、4.31 倍（OPT）和 9.52 倍（PASPN）。上述结果表明，PASPN 处理具有提高 XY688 叶片 NR 基因相对基因表达的效果。

各氮素处理下，XY688 叶片 *ZmGOGAT* 的相对基因表达量高于 JF2。对各处理比较可知，XY688 品种在 PASPN 处理下叶片的 *ZmGOGAT* 相对基因表达量在乳熟期和完熟期呈上调表达，且该基因表达丰度受到氮肥处理的影响较大（图 6-2）。PASPN 处理下 JF2 叶片 *ZmGOGAT* 相对基因表达量在生育后期各测试时期无显著差异，且该品种叶片中的 *ZmGOGAT* 相对基因表达量受氮肥处理的影响较小（图6-2）。各氮素处理下 *ZmAspAT* 在 XY688 叶片中的相对基因表达量也高于 JF2。比较各处理可知，PASPN 处理下，XY688 叶片的 *ZmAspAT* 相对基因表达量在乳熟期和完熟期呈上调表达特征，且该品种生育后期叶片中 *ZmAspAT* 相对基因表达量受到氮肥处理较大的影响（图6-2）。PASPN 处理下，JF2 叶片 *ZmAspAT* 相对基因表达量在三个测试时期无显著差异（图6-2）。研究表明，PASPN 处理下具有显著增强氮高效玉米品种籽粒灌浆期间叶片中氮素同化关键酶基因转录效率的效果，在改善该氮效率类型玉米植株的植株体内氮素同化和改善植株氮素利用效率中发挥重要作用。

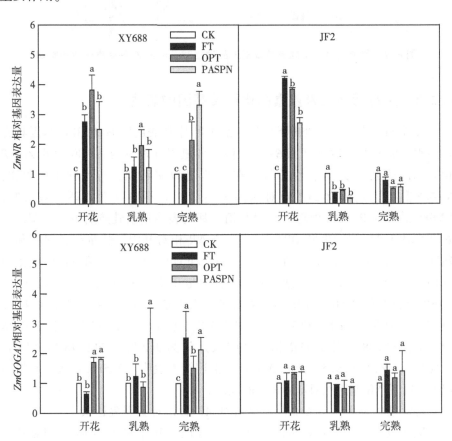

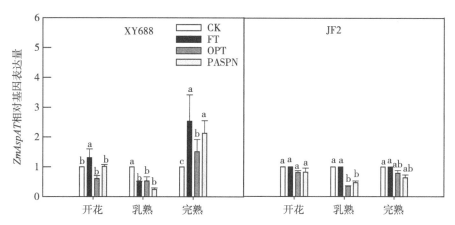

图 6-2　氮素处理对不同氮效率玉米品种氮素同化相关基因表达量的影响

6.2.3　生育后期玉米氮素再转移相关基因的表达

在各氮素处理和测试时期，氮高效玉米品种 XY688 中叶片 ZmGS1.1 的相对基因表达量均高于氮低效品种 JF2。比较各处理可知，PASPN 处理下，XY688 叶片中的 ZmGS1.1 相对基因表达量，与开花期相比，乳熟期和完熟期呈下调表达模式，且表现为该氮高效玉米品种叶片中 ZmGS1.1 相对基因表达量受到氮肥处理的较大影响。PASPN 处理下 JF2 叶片的 ZmGS1.1 相对基因表达量在生育后期各测试时期（开花期、乳熟期和完熟期）三个时期无显著差异，且不同氮素处理下该玉米品种叶片中 ZmGS1.1 相对基因表达量受氮肥处理的影响较小（图 6-3）。

对谷氨酰胺合成酶家族另一个供试基因 ZmGS1.2 研究发现，在各氮素处理和各测试时期，ZmGS1.2 在 XY688 叶片中的相对基因表达量均高于 JF2。比较各处理可知，PASPN 处理下，XY688 叶片的 ZmGS1.2 相对基因表达量在乳熟期和完熟期表达上调，且各氮素处理下该品种叶片中 ZmGS1.2 相对基因表达量具有较大差异（图 6-3）。PASPN 处理下，JF2 叶片 ZmGS1.2 相对基因表达量在三个测试时期无显著差异；该基因生育后期表达丰度在不同氮素处理间也无显著差异（图 6-3）。

ZmGS1.3 和 ZmGS1.4 是玉米植株体内调控氮素再转移的关键基因，在叶片氮素利用和氮素在植株体内的再度分配中发挥重要作用。在各氮素处理和各测试时期，XY688 叶片中 ZmGS1.3 和 ZmGS1.4 的相对基因表达量均高于 JF2。比较各处理可知，XY688 的 ZmGS1.3 和 ZmGS1.4 表达量以在 FT 处理下最高，OPT 和 PASPN 处理下上述基因表达丰度降低。PASPN 处理下，*ZmGS*1.3 和 *ZmGS*1.4 在氮高效品种 XY688 叶片内的相对基因表达量在乳熟期和完熟期下调表达，在乳熟期和完熟期表现为无显著性差异。PASPN 处理下，JF2 叶片中 *ZmGS*1.3 和 *ZmGS*1.4 相对基因表达量在三个测试时期无显著性差异，且与其他氮素处理下各测试时期的上述基因表达丰度差异较小。表明玉米 *ZmGS*1.3 和 *ZmGS*1.4 相对基因表达量受氮肥处理的影响较小（图 6-3）。

研究发现，在各处理和测试时期，XY688 叶片的 *ZmGS*2 相对基因表达量相对显著高于 JF2。比较各氮素处理可知，PASPN 处理提高了 XY688 叶

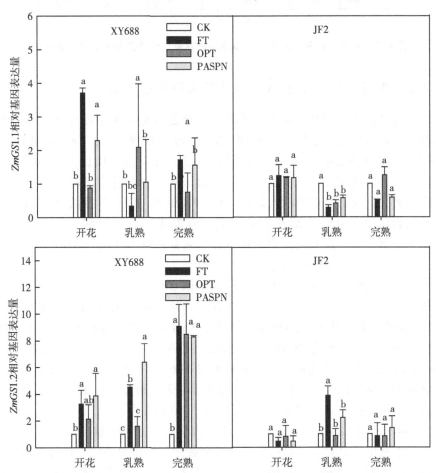

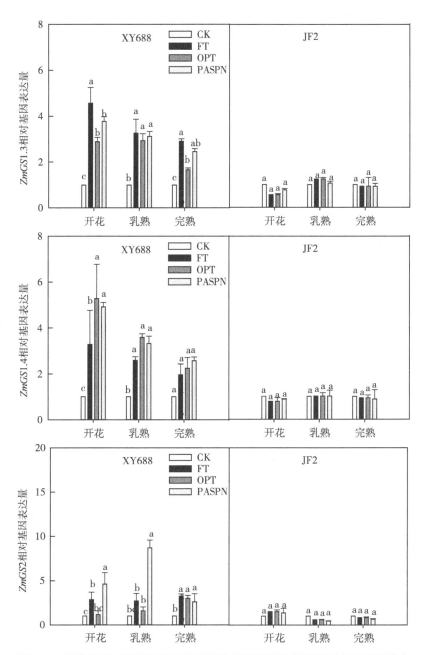

图 6-3　氮素处理对不同氮效率玉米品种氮素再转移相关基因表达量的影响

片 ZmGS2 相对基因表达量，且该基因表达呈在乳熟期表达上调，完熟期表达下调。PASPN 处理下，JF2 叶片中 ZmGS2 相对基因表达量在各个生育时期也无显著差异。结果表明，PASPN 处理具有提高氮高效玉米品种 XY688 叶片中 ZmGS2 相对基因表达量的作用，但该氮素处理对氮低效玉米品种 JF 叶片 ZmGS2 相对基因表达量的影响较小。

6.3 讨论

硝酸还原酶（NR）是植物体内将根系吸收的硝态氮还原同化过程中第一个酶和限速酶，该酶活性高低对于玉米生育后期氮素同化、植株体内氮素营养状况和氮效率具有重要影响。本研究结果发现，在开花期，XY688 和 JF2 叶片中的硝酸还原酶基因 ZmNR 相对表达量无显著性差异；而在乳熟期和完熟期，与 JF2 相比，XY688 相对于具有更高的 ZmNR 基因表达丰度，表明氮高效玉米品种 XY688 生育后期具有较高的叶片 NR 活性，与其植株特定硝酸还原酶基因如 ZmNR 的转录增强有关。前人的研究表明，玉米种属中含有 2 个编码与叶片衰老相关的蛋白酶同源基因，包括 ZmSee2 和 ZmSee2β。其中，ZmSee2β 在调控衰老叶片贮存氮素向发育籽粒进行再转移的过程中起着重要作用，该基因突变具有导致玉米植株长期持绿而不衰老特性[110]。本研究表明，与 JF2 相比，XY688 生育后期叶片中 ZmSee2β 基因的表达量显著降低，尤其在乳浆期（图 6-1）。这说明，XY688 品种生育后期叶片衰老延迟，与其较低的 ZmSee2β 基因表达丰度有关。

谷氨酰胺合成酶基因 GS1 通过调控衰老叶片中氨的同化和 N 素再转移过程，对植株氮素营养和氮素利用效率发挥重要调控作用。玉米该家族基因 ZmGln1.1 被证实参与了衰老过程中氮的再转移[111]。前人的研究也表明，过表达 GS 基因可以提高作物的叶片 GS 活性和籽粒产量。郭松研究表明，不同玉米品种的氮同化代谢家族基因如 GOGAT 家族成员的表达水平也存在显著差异[112]。本研究表明，在玉米籽粒灌浆期间，与 JF2 相比，氮高效玉米品种 XY688 叶片中的氮素同化基因如 ZmGOGAT、ZmAspAT、氮素再转移基因 ZmGS1.1、ZmGS1.2、ZmGS1.3、ZmGS1.4 和 ZmGS2 的相对表达量均有不同程度的增加。表明前述的氮高效玉米品种植株生育后期氮素同化和代谢酶活性高于氮低效玉米品种，与前者具有较高的相关基因表达丰度有关。

第 3 部分的研究发现，PASPN 处理显著降低了玉米中后期叶片 NR 活性，而增加了叶片 GS、GOGAT、GOT 及 GDH 等氮代谢关键酶活性。本研究中发现，与其他氮素处理相比，聚天门冬氨酸螯合氮肥（PASPN）处理显著提高了 XY335 叶片中 *ZmNR*、*ZmGOGAT*、*ZmAspAT* 以及 *ZmGS*1.1、*ZmGS*1.2、*ZmGS*1.3、*ZmGS*1.4 和 *ZmGS*2 的相对基因表达量，而对 JF2 上述基因表达特性的影响较小。说明 PASPN 处理改善氮高效玉米品种植株生育后期的氮素同化能力，与其上调植株体内的特定氮素同化家族基因具有紧密联系。*ZmNR*、*ZmGOGAT*、*ZmAspAT* 和 *ZmGS* 可作为鉴定玉米氮效率高低的重要分子评价指标。

6.4 小结

与氮低效玉米品种 JF2 相比，氮高效品种 XY688 生育后期叶片中衰老相关基因 *ZmSee2β* 相对表达量降低，而其叶片氮素同化基因 *ZmNR*、*ZmGOGAT*、*ZmAspAT* 以及氮素再转移基因 *ZmGS*1.1、*ZmGS*1.2、*ZmGS*1.3、*ZmGS*1.4 和 *ZmGS*2 的相对表达量增加。较高的氮素同化相关酶家族基因表达丰度，是氮高效玉米品种生育后期植株氮同化能力增强、植株氮素营养改善的重要生物学基础。

PASPN 处理下，氮高效玉米品种 XY688 叶片 *ZmNR*、*ZmGOGAT*、*ZmAspAT* 和 *ZmGS*1.1、*ZmGS*1.2、*ZmGS*1.3、*ZmGS*1.4 和 *ZmGS*2 的相对基因表达量提高，而氮低效玉米品种 JF2 生育后期植株体内上述基因的表达维持相对稳定。PASPN 处理通过调控上述氮同化家族基因的相对基因表达水平，在改善氮高效玉米品种的氮素同化和植株氮素营养中发挥重要作用。上述基因可作为鉴定玉米氮效率高低的重要分子评价指标。

7 主要结论、创新点与展望

7.1 主要结论

本研究针对河北省玉米高产区氮肥使用过量、利用效率偏低问题，以氮肥利用效率不同的两个玉米品种为材料，通过系统解析不同氮效率玉米品种植株生育性状、氮素吸收和同化、生理参数、相关基因表达特征以及产量性状，研究证明了尿素添加聚天门冬氨酸（PASP）促进了 $ZmNR$、$ZmGOGAT$ 等 8 个氮同化关键基因的表达，能够提高夏玉米氮肥利用率 13 个百分点；揭示了常规尿素和缓释尿素不同配施处理对玉米植株氮素分配与转运、花后叶片氮代谢的影响、代谢特征及生理机制，增强了 NR、GS 等关键氮代谢酶活性；明确了河北平原区适宜夏玉米生产采用的常规尿素和缓释尿素最佳配施比例为 3 : 7。为高产玉米氮肥减施、提高氮肥利用率提供了理论依据，主要获得以下结论。

结论一，在各氮肥管理模式下，XY688 具有更高的花前营养氮素转运量（尤其是叶片）和花后氮素同化量，提高了干物质转运量和花后干物质同化量，使得成熟期植株干物质积累量增加，从而在保障产量的同时，有更高的氮素收获指数和氮素利用效率。

结论二，PASPN 处理能显著提高玉米中后期功能叶 GS、GOGAT、GOT 及 GDH 等氮代谢关键酶活性，增加植株的氮素和干物质积累，并促进吐丝后叶、茎鞘干物质向穗部转移，显著提高籽粒分配比例，改善穗部性状，增加穗粒数和百粒重，从而提高玉米产量。PASPN 处理能有效改善玉米各生育时期尤其生育后期植株对氮素养分需求，提高成熟期植株氮素利用效率，增加地上部干物质与氮素累积量。

结论三，在河北平原夏玉米生产中，以常规与缓释尿素 3 : 7（US7）为最佳配比（54kg/hm^2 的常规尿素 + 126kg/hm^2 的缓释尿素），改善玉米植株养分吸收和产量形成能力的效果最佳。常规与缓释尿素配比处理，通过增强植株氮同化酶活性和延衰激素含量，在改善玉米品种尤其氮高效品种氮素吸收利用、干物质生产和产量形成能力中发挥着重要作用。

结论四，XY688 具有更高的净光合速率和氮同化酶活性，是获得高产和养分高效利用的重要生理原因。PASPN 处理下，XY688 叶片中 *ZmNR*、*ZmGOGAT*、*ZmAspAT* 和 *ZmGS* 的相对基因表达量增加，说明 PASPN 处理可以调控 *ZmNR*、*ZmGOGAT*、*ZmAspAT* 和 *ZmGS* 在叶片中的相对基因表达水平。PASPN 处理通过调控上述氮同化家族基因的相对基因表达水平，在改善氮高效玉米品种的氮素同化和植株氮素营养中发挥着重要作用。

7.2 创新点

利用氮效率典型差异夏玉米品种，揭示了常规尿素和缓释尿素不同配施处理对玉米植株氮素分配与转运、花后叶片氮代谢的影响及生理机制，明确了河北平原区适宜夏玉米生产采用的常规尿素和缓释尿素最佳配施比例（3∶7，US7）。

阐明了氮高效玉米品种（XY688）植株氮同化特性及其响应 PASP 的生理机制，明确了河北平原区 PASP 改善夏玉米氮效率和生产潜力的生物学基础。

7.3 研究展望

研究立足河北省太行山山前平原区夏玉米生产中减氮增效的实际问题，以氮肥管理模式和品种为切入点，研究了不同氮肥管理模式下夏玉米植株氮素利用与代谢特征及其生理机制，为该生态区域缓释氮肥示范和规模应用提供了科学依据，但还可以在以下方面继续研究和完善。

本研究明确了氮高效玉米品种 XY688 和氮低效玉米品种 JF2，灌浆期叶片中氮同化与再转移基因的表达变化差异。在今后的研究中，还可以运用转录组测序以及 iTRAQ 标记定量蛋白质组学，来进一步分析控制氮素同化与再转移的基因和蛋白。

本研究中尚未对玉米根系、土壤微生物多样性与氮肥管理及品种之间的交互作用进行研究，今后可开展进一步研究。

参考文献

[1]　国家统计局．中国统计年鉴［M］．北京：中国统计出版社，2019．

[2]　许海涛，许波，王友华，等．氮肥减量缓释对夏玉米农艺指标、产量性状及氮肥利用效率的影响［J］．河南科技学院学报（自然科学版），2018，046（005）：11-16．

[3]　于振文．作物栽培学各论［M］．北京：中国农业出版社，2013．

[4]　李秀芬，朱金兆，顾晓君，等．农业面源污染现状与防治进展［J］．中国人口·资源与环境，2010，20（4）：81-84．

[5]　卢艳丽，白由路，王磊，等．华北小麦-玉米轮作区缓控释肥应用效果分析［J］．植物营养与肥料学报，2011，17（1）：209-215．

[6]　周丽平，杨俐苹，白由路，等．夏玉米施用不同缓释化处理氮肥的效果及氮肥去向［J］．中国农业科学，2018．

[7]　李周晶．华北平原不同水肥及栽培模式下的农田氮素损失及水氮利用效率定量评价［D］．北京：中国农业大学，2015．

[8]　周丽平，杨俐苹，白由路，等．夏玉米施用不同缓释化处理氮肥的效果及氮肥去向［J］．中国农业科学，2018，51（8）：1527-1536．

[9]　胡娟，吴景贵，孙继梅，等．氮肥减量与缓控肥配施对土壤供氮特征及玉米产量的影响［J］．水土保持学报，2015，（4）：116-120，194．

[10]　王薇，李子双，赵同凯，等．控释尿素减量施用对冬小麦和夏玉米产量及氮肥利用率的影响［J］．山东农业科学，2016，48（5）：83-85，88．

[11]　司贤宗，韩燕来，王宜伦，等．缓释氮肥与常规尿素配施提高冬小麦-夏玉米施肥效果的研究［J］．中国农业科学，2013，46（7）：1 390-1 398．

[12] Shi G F, Dong H , Jun B I , et al. Effects of a New Long－term Controlle～release Fertilizer on Growth and Development and Yield of Summer maize ［J］. Agricultural Science & Technology，2016，17（10）：2 300-2 302，2 307.

[13] 刘诗璇，陈松岭，蒋一飞，等. 控释氮肥与常规尿素氮肥配施对东北春玉米氮素利用及土壤养分有效性的影响 ［J］. 生态环境学报.2019，28（5）：939-947.

[14] 金容，李兰，郭萍，等. 控释氮肥比例对土壤氮含量和玉米氮素吸收利用的影响 ［J］. 水土保持学报.2018，32（6）：2 015-2 021.

[15] 白倩倩，史桂清，杨梦雅，等. 缓释尿素配施对高产夏玉米氮素吸收和产量的影响 ［J］. 中国农学通报，2019，35（11）：13-19.

[16] 米国华，伍大利，陈延玲，等. 东北玉米化肥减施增效技术途径探讨 ［J］. 中国农业科学，2018（14）.

[17] 张福锁. 我国主要作物氮肥施用状况及科学施肥策略 ［C］. 2010 国际缓释肥料产业发展.2010.

[18] 刘鹏，董树亭，李少昆，等. 高产玉米氮素高效利用 ［J］. 中国农业科学，2017，50（12）：2 232-2 237.

[19] 程乙，王洪章，刘鹏，等. 品种和氮素供应对玉米根系特征及氮素吸收利用的影响 ［J］. 中国农业科学，2017，50：2 259-2 269.

[20] Ning P, Chen Y L, Li C J, et al. Post－silking carbon partitioning under nitrogen deficiency revealed sink limitation of grain yield in maize ［J］. Journal of Experimental Botany，2016，69（7）：1 707-1 719.

[21] Chen Y L, Wu D L, Mu X H, et al. Vertical Distribution of Photo-synthetic Nitrogen Use Efficiency and Its Response to Nitrogen in Fiel～Grown maize ［J］. Crop Science，2016，56：397-407.

[22] Chen Q W, Mu X H, Chen F J, et al. Dynamic change of mineral nutrient content in different plant organs during the grain filling stage in maize grown under contrasting nitrogen supply ［J］. European Journal of Agronomy，2016，80：137-153.

[23] 李强. 不同氮效率玉米品种对氮肥水平与运筹的响应及氮素吸

收利用差异［D］. 雅安：四川农业大学.

［24］ Chen K, Kumudini S V, Tollenaar M, et al. Plant biomass and nitrogen partitioning changes between silking and maturity in newer versus older maize hybrids［J］. Field Crops Research, 2015, 183：315-328.

［25］ 刘春晓, 赵海军, 董树亭, 等. 玉米不同基因型双列杂交后代抽丝后氮素代谢特性［J］. 中国农业科学, 2014, 47（1）：33-42.

［26］ 李向岭, 张韶昀, 张磊, 等. 河北省夏玉米耐低氮基因型筛选及其评价［J］. 玉米科学, 2019, v.27；No.135（05）：9-18.

［27］ Xu G., Fan X., Miller A. J. Plant nitrogen assimilation and use efficiency［J］. Annual Review of Plant Biology, 2012, 63：153-182.

［28］ 刘红玲, 张新婉, 黄玮, 等. 植物氨基酸转运子研究进展［J］. 植物科学学报, 2018, 36（4）：623-631.

［29］ Ciampitti, I. A., Murrell, S. T., Camberato, J. J., et al. Physiological dynamics of maize nitrogen uptake and partitioning in response to plant density and nitrogen stress factors：II. Reproductive phase［J］. Crop Science. 2013, 53, 2 588-2 602.

［30］ 吴雅薇, 蒲玮, 赵波, 等. 不同耐低氮性玉米品种的花后碳氮积累与转运特征［J/OL］. 作物学报：1-17［2021-01-20］. http://kns.cnki.net/kcms/detail/11.1809.S.20201223.1437.010.html.

［31］ 张盼盼, 朱玉平, 黄璐, 等. 氮肥减施对夏玉米花后生理特性的影响［J］. 玉米科学, 2020, 28（4）：137-145, 164.

［32］ 夏来坤, 陶洪斌, 王璞, 等. 施氮期对夏玉米氮素积累运转及氮肥利用的影响［J］. 玉米科学, 2011, 19（1）：112-116.

［33］ 张经廷, 刘云鹏, 李旭辉, 等. 夏玉米各器官氮素积累与分配动态及其对氮肥的响应［J］. 作物学报, 2013, 39（3）：506-514.

［34］ 赵洪祥, 边少锋, 彭涛涛, 等. 氮肥运筹对玉米氮素动态变化和氮肥利用的影响（英文）［J］. Agricultural Science & Technology, 2013, 14（12）：1 797-1 803.

［35］ 李春春, 高玉红, 郭丽琢, 等. 氮素形态配比对玉米氮素积累

及转运的影响 [J]. 玉米科学, 2018, 26 (1): 134-141.

[36] 丁民伟, 杜雄, 刘梦星, 等. 氮素运筹对夏玉米产量形成与氮素利用效果的影响 [J]. 植物营养与肥料学报, 2010, 16 (5): 1 100-1 107.

[37] 吕鹏. 氮素运筹对高产夏玉米产量和品质及相关生理特性影响的研究 [D]. 泰安: 山东农业大学, 2011.

[38] 卫丽, 马超, 黄晓书, 等. 控释肥对夏玉米碳、氮代谢的影响 [J]. 植物营养与肥料学报, 2010, 16 (3): 773-776.

[39] 程乙, 王洪章, 刘鹏, 等. 品种和氮素供应对玉米根系特征及氮素吸收利用的影响 [J]. 中国农业科学, 2017, 50 (12): 2 259-2 269.

[40] 刘丽, 甘志军, 王宪泽. 植物氮代谢硝酸还原酶水平调控机制的研究进展 [J]. 西北植物学报, 2004, 24 (7): 1 355-1 361.

[41] 刘淑云, 董树亭, 赵秉强. 长期施肥对夏玉米叶片氮代谢关键酶活性的影响 [J]. 作物学报, 2007, 33 (2): 278-283.

[42] Daubresse C. M., Carrayol E., Valadier M. H. The two nitrogen mobilisation and senescence-associated GS1 and GDH genes are controlled by C and N metabolites [J]. Planta, 2005, 221 (4): 580-588.

[43] Jonassen E. M., Sévin D. C., Lillo C. The bZIP transcription factors HY5 and HYH are positive regulators of the main nitrate reductase gene in Arabidopsis leaves, NIA2, but negative regulators of the nitrate uptake gene NRT1.1 [J]. Journal of Plant Physiology, 2009, 166 (18): 2 071-2 076.

[44] 董志强, 解振兴, 薛金涛, 等. 苗期叶面喷施 6-BA 对玉米硝酸还原酶活力的影响 [J]. 玉米科学, 2008, 16 (5): 54-57.

[45] 唐会会. 聚天门冬氨酸 (PASP) 对东北春玉米氮素代谢的调控效应及其节氮机理 [D]. 北京: 中国农业科学院, 2019.

[46] 王月福, 于振文, 李尚霞, 等. 氮素营养水平对冬小麦氮代谢关键酶活性变化和籽粒蛋白质含量的影响 [J]. 作物学报, 2002 (6): 743-748.

[47] 张智猛, 万书波, 戴良香, 等. 施氮水平对不同花生品种氮代谢及相关酶活性的影响 [J]. 中国农业科学, 2011, 44 (2):

280-290.

[48] 耿玉辉，李刚，曹秀艳，等．氮、钾不同营养水平对春玉米氮代谢的影响［J］．玉米科学，2009，17（6）：101-104.

[49] 孟战赢，林同保，王育红．水肥效应对夏玉米产量及氮代谢相关指标的影响［J］．玉米科学，2009，17（5）：100-103.

[50] 赵洪祥，尚东辉，边少锋，等．氮肥不同比例分期施用对玉米硝酸还原酶活性的影响［J］．玉米科学，2009，17（6）：97-100.

[51] 关义新，林葆，凌碧莹．光、氮及其互作对玉米幼苗叶片光合和碳、氮代谢的影响［J］．作物学报，2000（6）：806-812.

[52] 宋月，崔婷婷，武丽娟，等．玉米叶片硝酸还原酶活性测定方法的优化［J］．湖北农业科学，2017，56（15）：2 817-2 820，2 907.

[53] Thomsen Hanne C, Eriksson Dennis, Møller Inge S, Schjoerring Jan K. Cytosolic glutamine synthetase: a target for improvement of crop nitrogen use efficiency ［J］. Trends in plant science, 2014, 19（10）.

[54] Sté, phanie M. Swarbreck, M. Defoin-Platel, M. Hindle, M. Saqi, Dimah Z. Habash. New perspectives on glutamine synthetase in grasses ［J］. Journal of Experimental Botany, 2011, 62（4）.

[55] 冯万军，窦晨，牛旭龙，等．玉米谷氨酰胺合成酶基因家族的生物信息学分析［J］．玉米科学，2015，23（001）：51-57.

[56] 牛超，刘关君，曲春浦，等．谷氨酸合成酶基因及其在植物氮代谢中的调节作用综述［J］．江苏农业科学，2018，046（009）：10-16.

[57] Tercé-Laforgue Thérèse, Clément Gilles, Marchi Laura, Restivo Francesco M, Lea Peter J, Hirel Bertrand. Resolving the Role of Plant NAD-Glutamate Dehydrogenase: III. Overexpressing Individually or Simultaneously the Two Enzyme Subunits Under Salt Stress Induces Changes in the Leaf Metabolic Profile and Increases Plant Biomass Production. ［J］. Plant & cell physiology, 2015, 56（10）.

[58] Xiangcheng Zhou, Jianzhong Lin, Yanbiao Zhou, Yuanzhu Yang, Hong Liu, Caisheng Zhang, Dongying Tang, Xiaoying Zhao, Yon-

ghua Zhu，Xuanming Liu. Overexpressing a Fungal CeGDH Gene Improves Nitrogen Utilization and Growth in Rice［J］. Crop Science，2015，55（2）.

［59］ David A. Lightfoot，Rajsree Mungur，Rafiqa Ameziane，et al. Improved drought tolerance of transgenic Zea mays plants that express the glutamate dehydrogenase gene（gdhA）of E. coli. 2007，156（1-2）：103-116.

［60］ 欧盟氮素专家组（白由路译）. 氮素利用效率—农业和食物系统中的氮素利用指标［M］. 北京：中国农业科学技术出版社，2018.

［61］ Norton R，Davidson E，Roberts T. Nitrogen use efficiency and nutrient performance indicators［J］. Washington，DC，2015.

［62］ 田昌玉，林治安，徐久凯，等. 有机肥氮素利用率的几种典型计算方法比较［J］. 植物营养与肥料学报，2020，v. 26；No. 145（10）：165-172.

［63］ 魏冬. 不同氮水平下水稻氮素利用率及相关性状的遗传基础研究［D］. 武汉：华中农业大学博士学位论文，2012.

［64］ 侯云鹏，李前，孔丽丽，等. 不同缓/控释氮肥对春玉米氮素吸收利用、土壤无机氮变化及氮平衡的影响. 中国农业科学，2018，51（20）：3 928-3 940.

［65］ 解君. 不同玉米品种光合及氮素利用效率响应施氮量的差异分析［D］. 杨凌：西北农林科技大学，2018.

［66］ 巨晓棠，张福锁. 中国北方土壤硝态氮的累积及其对环境的影响［J］. 生态环境，2003（1）：24-28.

［67］ 李少昆，赵久然，董树亭，等. 中国玉米栽培研究进展与展望［J］. 中国农业科学，2017，50（11）：1 941-1 959.

［68］ 陈艳萍，肖尧，孔令杰，等. 缓释肥施用量对超高产夏玉米氮素积累分配的影响［J］. 中国农学通报，2015，31（27）：34-40.

［69］ 于飞，施卫明. 近10年中国大陆主要粮食作物氮肥利用率分析［J］. 土壤学报，2015，52（6）：1 311-1 324.

［70］ 李广浩，刘娟，董树亭，等. 密植与氮肥用量对不同耐密型夏玉米品种产量及氮素利用效率的影响［J］. 中国农业科学，

2017, 050 (12)：2 247-2 258.

[71] 张平良，郭天文，刘晓伟，等．密度和施氮量互作对全膜双垄沟播玉米产量、氮素和水分利用效率的影响 [J]．植物营养与肥料学报，2019，25 (4)：579-590.

[72] 崔红．不同栽培模式春玉米干物质生产与养分吸收利用特性研究 [D]．长春：吉林农业大学，2019.

[73] 刘娟．增密与施氮对不同耐密型玉米品种产量及生理特性的影响 [D]．泰安：山东农业大学.

[74] 侯云鹏，孔丽丽，尹彩侠，等．覆膜滴灌下氮肥与种植密度互作对东北春玉米产量、群体养分吸收与转运的调控效应 [J]．植物营养与肥料学报，2021，(1)：1-12.

[75] 程前，李广浩，陆卫平，等．增密减氮提高夏玉米产量和氮素利用效率 [J]．植物营养与肥料学报，2020，26 (6)：1 035-1 046.

[76] 武鹏，杨克军，王玉凤，等．缓释尿素对土壤和玉米植株氮素及干物质和产量的影响 [J]．干旱地区农业研究，2018，36 (5)：94-101.

[77] 肖强，李鸿雁，衣文平，等．控释与稳定尿素配施对土壤氮素迁移及冬小麦-夏玉米产量的影响 [J]．中国生态农业学报（中英文），2020，28 (10)：1 591-1 599.

[78] 岳克，马雪，宋晓，等．新型氮肥及施氮量对玉米产量和氮素吸收利用的影响 [J]．中国土壤与肥料，2018 (4)：75-81.

[79] 丁相鹏，李广浩，张吉旺，等．控释尿素基施深度对夏玉米产量和氮素利用的影响 [J]．中国农业科学，2020，53 (21)：4 342-4 354.

[80] 金何玉，张明超，陈光蕾，等．硝化抑制剂对糯玉米产量和氮肥利用率的影响 [J]．华北农学报，2020，35 (5)：171-177.

[81] 米国华，伍大利，陈延玲，等．东北玉米化肥减施增效技术途径探讨 [J]．中国农业科学，2018，51 (14)：2 758-2 770.

[82] 李梁，陶洪斌，周祥利，等．吉林省不同地区高产春玉米养分吸收及分配规律研究 [J]．华北农学报，2011，26 (4)：159-166.

[83] 晁晓乐．施氮对不同基因型玉米干物质积累和氮效率的影响 [D]．太原：太原理工大学，2016.

[84] 曹鑫波. 不同氮效率品种筛选及其光合特性和氮代谢差异的研究 [D]. 哈尔滨：东北农业大学，2017.

[85] 李向岭，张韶昀，张磊，等. 河北省夏玉米耐低氮基因型筛选及其评价 [J]. 玉米科学，2019，v.27；No.135（05）：9-18.

[86] 马晓君，李强，王兴龙，等. 供氮水平对不同氮效率玉米物质积累及产量的影响 [J]. 中国土壤与肥料，2017（02）：63-68.

[87] 李阳. 高产氮高效春玉米品种筛选及干物质和氮素的累积与分配 [D]. 杨凌：西北农林科技大学，2020.

[88] 黄巧义，唐拴虎，张发宝，等. 控释尿素与常规尿素配施比例对甜玉米产量和氮肥利用的影响 [J]. 植物营养与肥料学报，2017（3）.

[89] 李伟，李絮花，李海燕，等. 常规尿素与缓释尿素混施对夏玉米产量和氮肥效率的影响 [J]. 作物学报，2012，38（4）：699-706.

[90] 尹彩侠，李前，孔丽丽，等. 控释氮肥减施对春玉米产量、氮素吸收及转运的影响 [J]. 中国农业科学，2018.

[91] 张晓龙. 长期不同施肥制度对夏玉米田碳氮养分含量及籽粒产量的影响 [D]. 泰安：山东农业大学，2020.

[92] 刘诗璇，陈松岭，蒋一飞，等. 控释氮肥与常规尿素氮肥配施对东北春玉米氮素利用及土壤养分有效性的影响 [J]. 生态环境学报. 2019，28（5）：939-947.

[93] 史桂芳，董浩，毕军，等. 一种新型长效控释肥对夏玉米生长发育及产量的影响（英文）[J]. 农业科学与技术（英文版），2016.

[94] 岳克，马雪，宋晓，等. 新型氮肥及施氮量对玉米产量和氮素吸收利用的影响 [J]. 中国土壤与肥料. 2018（4）：75-81.

[95] 郭金金，张富仓，王海东，等. 不同施氮量下缓释氮肥与尿素配施对玉米生长与氮素吸收利用的影响 [J]. 中国农业科学，2017，50（20）：3 930-3 943.

[96] 姬景红，李玉影，刘双全，等. 控释配施肥对春玉米产量、光合特性及氮肥利用率的影响 [J]. 土壤通报，2015，46（3）：669-675.

[97] 谢国辉. 深松配施控释肥提高玉米产量和氮效率的机制研究 [D]. 呼和浩特：内蒙古农业大学，2019.

[98] Shi G F, Dong H, Jun B I, et al. Effects of a New Long-term Controlle~release Fertilizer on Growth and Development and Yield of Summer maize [J]. Agricultural Science & Technology, 2016, 17 (10): 2 300-2 302, 2 307.

[99] 张运红, 孙克刚, 杜君, 等. 不同增效氮肥品种及用量对玉米幼苗生长、光合特性及养分吸收的影响 [J]. 磷肥与复肥, 2017, 32 (004): 32-35.

[100] 韩真, 杜远鹏, 翟衡, 等. 叶面喷施聚天门冬氨酸对巨峰葡萄产量和果实品质的影响 [J]. 山东农业科学, 2019, 51 (10): 96-98.

[101] 唐会会, 许艳丽, 王庆燕, 等. 聚天门冬氨酸螯合氮肥减量基施对东北春玉米的增效机制 [J]. 作物学报. 2019, 45 (3): 431-442.

[102] 谢勇, 荣湘民, 刘强, 等. 控释氮肥减量施用对春玉米土壤地表径流氮素动态及其损失的影响. 水土保持学报, 2016, 30 (1): 14-25.

[103] Yang Y C, Zhang M, Zheng L, et al. Controlled release urea improved nitrogen use efficiency, yield, and quality of wheat [J]. Agronomy Journal, 2011, 103 (2): 479-485.

[104] 袁天佑, 王俊忠, 冀建华, 等. 施用腐植酸对夏玉米产量、氮素吸收及氮肥利用率的影响. 核农学报, 2017, 31 (4): 794-802.

[105] 吕鹏, 张吉旺, 刘伟, 等. 施氮时期对高产夏玉米氮代谢关键酶活性及抗氧化特性的影响 [J]. 应用生态学报, 2012, 23 (6): 1 591-1 598.

[106] 张子山, 杨程, 高辉远, 等. 保绿玉米与早衰玉米叶片衰老过程中叶绿素降解与光合作用光化学活性的关系. 中国农业科学, 2012, 45: 4 794-4 800.

[107] Chen Y L, Xiao C X, Chen X C, et al. Characterization of the plant traits contributed to high grain yield and high grain nitrogen concentration in maize [J]. Field Crops Research, 2014 (159): 1-9.

[108] 王寅, 冯国忠, 张天山, 等. 控释氮肥与尿素混施对连作春玉

米产量、氮素吸收和氮素平衡的影响 [J]. 中国农业科学，2016，49（3）：518-528.

［109］ 姬景红，李玉影，刘双全，等，2017. 控释尿素对春玉米产量、氮效率及氮素平衡的影响 [J]. 农业资源与环境学报，34（2）：153-160.

［110］ 曹兵，黄志浩，吴广利，等. 控释配施肥一次性减量施用对夏玉米产量、氮肥利用和叶片氮代谢酶活性的影响 [J]. 中国土壤与肥料，2020（5）：70-76.

［111］ Donnison I S, Gaya P, Thomas H, et al. Modification of nitrogen remobilization, grain filland leaf senescence in maize (Zea mays) by transposon insertional mutagenesis ina protease gene [J]. New Phytologist, 2007, 173：481-494.

［112］ 郭松. 持绿性对中国玉米品种氮转移效率的影响及其作用机制 [D]. 北京：中国农业大学，2014.

附 录

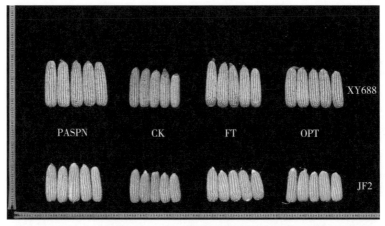

图 1　2020 年不同氮肥种类下先玉 688 和极峰 2 号收获期穗部生长表现

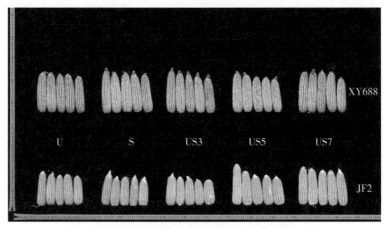

图 2　2020 年常规尿素与缓释尿素不同配施比例下
先玉 688 和极峰 2 号收获期穗部生长表现

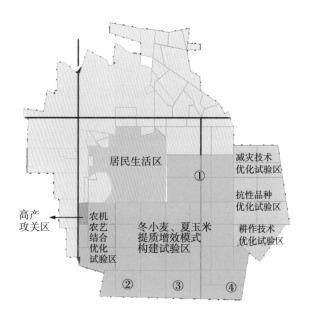

图 3　辛集市马庄试验站位置和试验区域分布

后　记

时光荏苒，岁月如梭。在博士研究生涯即将结束之际，我想我应该以感恩之心、感激之心、感谢之心来表达此时的心情。感恩党和祖国能够创造一个稳定自由的环境，感激老师和领导能够提供一个提升自我的平台，感谢亲朋和好友能够给予一个理解和关怀的态度，正是大家的支持和鼓励，让我有机会在此提笔致谢。

借得大江千斛水，研为翰墨颂师恩。感谢导师陶佩君教授和张月辰教授的悉心培养。两位老师的人品、学识、治学态度都是我辈学习的楷模。他们对待学生就像对待自己的孩子一样，学业上、生活中，方方面面，无微不至，让学生们感受到了父母的关怀和家的温暖。关心学生，爱护学生已经成为他们的一种本能。各位师兄师姐、师弟师妹在这种温暖、融洽的氛围中更加努力学习专业知识、为人处世的道理，为离开象牙塔进入社会做最好的准备。

落红不是无情物，化作春泥更护花。感谢科教兴农中心领导及同事的帮助，让我在工作之余有更多时间去完成博士学业，感谢你们的理解和支持；感谢农学院、研究生院各级领导，在博士期间给予我的种种关怀，感谢大家的辛勤付出；感谢肖凯老师、杜雄老师、李向岭老师，在写作过程中给予的帮助，感谢大家在百忙之中能够抽出宝贵时间，帮我提高学术和科研水平；感谢2020届、2021届研究生师弟师妹在试验过程中给予的帮助，感谢你们的奉献与支持。

淡看世事去如烟，铭记恩情存如血。感谢父母的理解、关怀与支持。家人的物质支持，让我全身心投入学习，解决了生活上的后顾之忧；家人的精神支持，让我心安理得，自信地奋发图强。感谢妻子对家庭的照顾，让我专心致志地去提高自我；感谢儿子听话懂事，让我得以集中精力完成学习。

少年易学老难成，一寸光阴不可轻。感谢河北省粮食丰产增效科技创新专项《太行山山前平原小麦—玉米节水高产增效栽培技术集成与示范》课题组，为我提供了参与科研的平台以及经费支持，感谢课题组成员的帮助，让我在科研路上走得更快更远。

博士不易，科研更苦；锲而不舍、科学谋划，方能事半功倍。腹有诗书气自华，期望能够以锲而不舍的精神，废寝忘食，敏而好学，为乡村振兴事业增砖添瓦。

与君共勉，再次感谢。